观赏石

孟祥振　赵梅芳　编著

上海大学出版社

内容简介

本教材是作者在长期工作实践和教学的基础上编著而成的。教材系统介绍了观赏石的基本知识和百余种观赏石;提出了较为科学、便于操作的观赏石分类方案,并首次将现代生物质石体——珊瑚、砗磲等作为观赏石的一个类别写进教材;鉴于目前在观赏石命名上的混乱现象,提出了命名规则;详细介绍了常见及重要观赏石的基本特征与鉴赏,对一些古代名石作了较详细的介绍。

本教材可作为高等院校本科相关专业的教材使用,也适合广大观赏石爱好者阅读,还可供观赏石研究人员参考。

图书在版编目(CIP)数据

观赏石/孟祥振,赵梅芳编著. —上海:上海大学出版社,2017.2
ISBN 978 - 7 - 5671 - 2317 - 5

Ⅰ.①观…　Ⅱ.①孟…②赵…　Ⅲ.①观赏型-石-教材　Ⅳ.①TS933.21

中国版本图书馆 CIP 数据核字(2017)第 027980 号

责任编辑　傅玉芳　封面设计　柯国富
技术编辑　金　鑫　章　斐

观赏石

孟祥振　赵梅芳　编著
上海大学出版社出版发行
(上海市上大路 99 号　邮政编码 200444)
(http://www.press.shu.edu.cn　发行热线 021 - 66135112)
出版人:戴骏豪
*
南京展望文化发展有限公司排版
上海华教印务有限公司印刷　各地新华书店经销
开本 787mm×960mm　1/16　印张 13.5　字数 257000
2017 年 2 月第 1 版　2017 年 2 月第 1 次印刷
ISBN 978 - 7 - 5671 - 2317 - 5/TS·012　定价:30.00 元

腰鼓状刚玉

菱锰矿晶簇

磷氯铅矿晶簇（据《中国矿物及产地》）

白钨矿平行连晶（据《矿物珍品》）

青金石

水晶晶簇

双色碧玺（据 亓利剑）

八面体赤铜矿（据《中国矿物及产地》）

图案玛瑙

八面体萤石—紫水晶晶簇（据《中国矿物及产地》）

珊瑚

钼铅矿晶簇

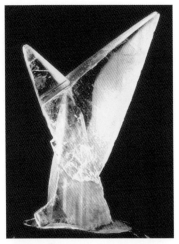

石膏燕尾双晶（据《中华奇石》）

复三方偏三角面体方解石（据 郭克毅）

绿松石

锂电气石（据《矿物珍品》）

独山玉

紫晶晶簇

白玉灵璧石

异极矿

鱼眼石——沸石
晶簇（据《中国
矿物及产地》）

菱锰矿晶簇

雨花石

蔷薇水晶晶簇（据《矿物珍品》）

黄玉

绿柱石

5

水晶

姜石

辉锑矿（据《中国观赏石》）

方解石晶簇 （据《中
国矿物及产地》）

重晶石晶簇（据《中国矿物及产地》）

太湖石——蛟龙腾云

菊花石

大理石

菱面体菱锰矿

太湖石

玛瑙

磷氯铅矿——白铅矿晶簇(据《中国矿物及产地》)　红宝石 （据 亓利剑）

菊石化石　　　　　　　　紫晶晶簇

纹饰灵璧石　　　　钟乳状孔雀石

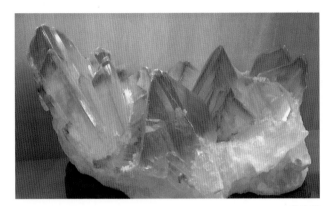

石膏晶簇

发晶

绿柱石（据《中国矿物及产地》）

水晶晶簇

蓝铜矿

黄铁矿——水晶晶簇（据《中华奇石》）

海蓝宝石——云母晶簇

蓝珊瑚

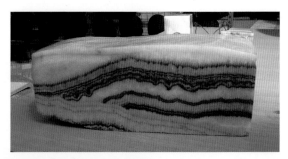

肉石

昆仑彩石

钟乳石

片状方解石晶簇

鸡血石（据《中国国石》）

孔雀石

片状石膏晶簇——沙漠玫瑰

辰砂（据《矿物珍品》）

自然硫（据《矿物珍品》）

钒铅矿

雄黄——方解石晶簇

鱼眼石

海蓝宝石

水晶晶簇

双色碧玺

鱼眼石——沸石晶簇

黄水晶晶簇（据《中国观赏石》）

硅化木

方解石接触双晶（据《矿物珍品》）

方解石蝴蝶状双晶

钟乳状菱锰矿

梅花玉

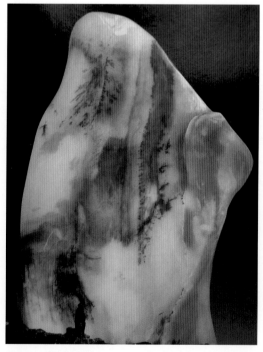

黄龙玉（据 翁兴淼）

中国是世界四大文明古国之一，中华文化博大精深、源远流长。石文化不但是中华文化的组成部分，而且是中华文化的源头。"人猿相揖别，只几个石头磨过，小儿时节。"（毛泽东《贺新郎·读史》）正是从磨石头开始，才由猿到人，先后经历了旧石器时代、新石器时代、夏、商、周……直至今天，中华民族创造并继续创造着光辉灿烂的文化。

早在远古时代，我们的祖先挑选美丽的石块赏玩或作装饰之用，实际上就是开发利用观赏石之始。许多石器时代，特别是新石器时代文化遗址里的具有天然外形的美石便是明证。

唐代（618—907）由于经济繁荣，诗歌、音乐、舞蹈、绘画、雕塑、建筑等各种艺术，都得到了长足发展。建筑业尤其是庭院建筑的发展，使奇峰异石进入宫廷、府邸、园林和庭院，成为装饰、观赏珍品。士大夫以玩石、赏石为时尚，更有许多文人雅士爱石成癖。盛唐时期的宰相李勉藏有"罗浮山石"、"海门山石"等名石。曾身居相位之尊的牛僧孺，也是一位酷爱藏石的人，他在洛阳的府邸中收藏了许多太湖石，且嗜石到了"游息之时，与石为伍"，甚至"待之如宾友，视之如贤哲，重之如宝玉，爱之如儿孙"。大诗人白居易赋有《天竺石》、《太湖石记》等诗篇，对太湖石作了较高的评价。唐代玩石、赏石之风盛行，由此可见一斑。

宋代（960—1279）玩石、赏石之风更盛，不仅有《云林石谱》等观赏石理论专著问世，而且为藏石题诗、题名、写铭文也蔚然成风。北宋文坛领袖苏轼（1037—1101）得一白一黑两方雪浪石，并写有《雪浪石诗》。此外，苏翁还有《怪石供》传世。北宋书画家米芾（1051—1107）出于对奇石的至爱，每遇奇石纳头便拜，因此得"襄阳米颠"之雅号。

北宋末年，徽宗皇帝赵佶(1082—1135)政治上昏庸无能，生活上极度奢侈，艺术上却多才多艺，不仅书、画、词皆善，而且是地道的赏石大家，酷爱奇石。为建造"艮岳"，下令在江南大肆搜寻奇花异石运往汴京，史称"花石纲"。江南名石"玉玲珑"、"冠云峰"、"瑞云峰"都是当年花石纲遗物。

到了明代(1368—1644)，问世的石谱类文献，较唐、宋时期为多，如《园冶》、《素园石谱》、《徐霞客游记》等。也曾出现过观赏石买卖的盛大市场。观赏石成为馈赠亲朋好友的上等礼品，甚至成为女儿出嫁时的陪嫁礼品。

清代乾隆皇帝(1711—1799)是一位很有作为的皇帝，也是一位赏石大家。在1746—1792年的46年间，曾九次和苏轼的《雪浪石诗》，最后一次和诗，乾隆已经81岁高龄，可见苏轼的《雪浪石诗》在他心中的地位非同寻常。他还将明代米万钟遗留在良乡的奇石"青芝岫"运进北京，置于清漪园，并题有"青芝之岫含之苍"、"雨留飞瀑月留光"的诗句。乾隆皇帝在位期间，许多名石被移到北京，置于圆明园、颐和园等皇家园林。对这些名石，或题诗，或题名，倍加珍视。

封建朝代的赏石主体是帝王将相、文人雅士，而现在的赏石主体是人民大众。自20世纪80年代以来，我国的观赏石业得到了飞速发展，赏石有了广泛的群众基础；观赏石新品种不断被开发出来，观赏石市场日益繁荣。

自古以来，观赏石被誉为"立体的画，无声的诗"。"园无石不秀，斋无石不雅"，更是道出了人们对观赏石的钟爱和向往。

我国地域辽阔，地质环境多样，具有丰富的观赏石资源。观赏石用来装点生活空间，可以美化生活，陶冶情操，使人在文化氛围中得到美的享受。为了普及观赏石知识，提高大学生的鉴赏水平，弘扬我国的观赏石文化，上海建桥学院为在校本科生开设了观赏石课程，深受广大学子欢迎。

为了进一步搞好教学，我们编著了这部《观赏石》教材。书稿承蒙著名观赏石专家王贵生先生审阅，孟卫华、严静参与了书稿和图片整理工作；本教材的出版，得到上海建桥学院领导和专业教师的大力支持，在此一并致谢。由于作者水平有限，错误和不当之处在所难免，欢迎读者批评指正。

作　者

于上海建桥学院

2017年1月

目录
Contents

1.1
观赏石的概念和特性

1.1.1　观赏石的概念

观赏石,顾名思义是指具有观赏价值的石体。它还有很多其他名称,如奇石、怪石、雅石、案石、玩石、供石、寿石等。这里所讲的观赏价值是天然具有的,不包括那些经过人工精雕细刻的石质工艺美术品,如各种玉雕、石雕、石砚等。

确切地说,观赏石是指具有观赏、陈列和收藏价值,并能够从自然界采集和整体移动的天然石质艺术品。观赏石的艺术美是大自然鬼斧神工的杰作,艺自天成,贵在天然,一般情况下是不需要人工处理的,但有时则需要稍加修饰,如有些玛瑙,其天然美被表皮所掩盖,只有经过切割、打磨,才能使其美妙的纹理或图案充分展现出来。总之,作为观赏石,无论其纹理、图案、色彩,还是奇特的外部造型,都应保持或基本保持天然艺术状态。

虽然观赏石与云南石林、华山险峰、棒槌山、象鼻山等地貌自然景观,都是具有观赏价值的石体,但两者是有区别的。一些学者以能否从自然界采集并整体移动,来区分观赏石和地貌自然景观,能够采集并整体移动的为观赏石,否则为地貌自然景观。这种划分观赏石和地貌自然景观的方法是科学合理的。地貌自然景观是一个宏观整体,不能够整体采集和移动,也是不允许随意分割破坏的。

至于观赏石与宝石的关系,有人认为观赏石

属于宝石范畴。虽然有些矿物晶体及玛瑙、珊瑚、硅化木等,既属于观赏石又属于宝石,但是有相当一部分观赏石,如太湖石、钟乳石等造型石及大部分古生物化石,并不属于宝石。也就是说,宝石包括不了全部的观赏石,观赏石也包括不了全部的宝石(如人工宝石)。再则,观赏石强调的是天然状态的艺术美,而宝石大多需要进行切磨加工或精雕细刻,它们应是两个相对独立的分支学科。

1.1.2 观赏石的特性

观赏石包括各种有观赏价值的矿物晶体、岩石、古生物化石和现代生物质石体,它们具有如下特性:

(1)观赏性。石体的色彩、纹理、图案、内部特征、外部形态等,具有较高的观赏价值。

(2)天然性。石体的观赏价值是天然具有的,那些经过人工雕琢的工艺美术品,如各种玉雕、石雕等,不属于观赏石之列。

(3)艺术性。石体具有鬼斧神工般的艺术美,能使观赏者得到美的享受,产生丰富的想象。

(4)稀有性。在自然界产出少,为稀有之物,尤其是珍品,更为罕见。

(5)科学性。从成因、成分、结构、构造,到形态、特征等,都包含有许多科学知识。

(6)可采性。可从自然界采集获得。

(7)商品性。同其他商品一样,可进入市场交易(珍稀古生物化石除外)。

(8)分布不均匀性。这一点也是矿产资源所共有的特性。

有人将区域性作为观赏石的特性之一,值得商榷。众所周知,自然界的植物具有区域性。热带与寒带,甚至我国南方与北方,植物的种类表现出区域性。而观赏石则不同,许多观赏石的形成不受区域限制,即使以著名产地命名的观赏石,也并非只产于该地。如太湖石的著名产地是太湖地区,除太湖地区外,安徽的巢湖地区、北京房山、山东临朐等地,也有同样的石体产出,它们与太湖石是同一种观赏石,只是被人为地命名为巢湖太湖石(也称巢湖石)、北太湖石和临朐太湖石。再如,不同地区的石灰岩溶洞中所产的钟乳石,也不因地域不同而存在差异。水晶是矿物晶体观赏石,国内二十几个省区都有水晶产出,不同的只是产量多少、产地是否著名而已。所以"区域性"不具有普遍意义。

1.2
观赏石的分类

由于对观赏石概念的理解不尽相同,或因各自的侧重面不同,分类方案有多种。现将本教材采用的分类方案及国内其他几个分类方案分述如下。

1.2.1 本教材采用的分类

在种类繁多的观赏石中,除陨石和现代海洋里的生物质石体外,它们的形成无一不与地质作用有关,因此观赏石的分类首先应符合地质学原理。

按观赏石是矿物晶体还是岩石块体、是古生物化石还是现代生物质石体进行分类,不会造成类别划分上的混乱,且易于掌握,便于操作,故本教材采用如下分类方案,即把观赏石划分为四个大类十一个小类。

观赏石
- 矿物晶体类
  - 单晶体
  - 平行连晶和双晶
  - 晶簇
- 岩石类
  - 造型石
  - 纹理石和图案石
  - 特色玉石
  - 陨石
- 古生物化石类
  - 实体化石
  - 遗迹化石
- 现代生物质石体类
  - 珊瑚
  - 砗磲

1. 矿物晶体类

这里讲的矿物晶体,包括各种有观赏价值的矿物单晶体、平行连晶、双晶和晶簇等,可分为三个亚类。

(1)矿物单晶体。指那些形态完美、奇特、色彩艳丽,或晶莹剔透的矿物单晶体。如柱状水晶、柱状绿柱石、立方体黄铁矿、菱形十二面体石榴石等。当晶体中含有特殊包裹体时,更具有观赏价值,如发晶、水胆绿柱石等。

(2) 平行连晶和双晶。从晶体内部格子构造的连续性看,平行连晶是单晶体的一种特殊形式,与双晶不同。但从平行连晶的外部形态看,它与双晶有着同样的形态美,故将平行连晶和双晶划归一类。外观上它们都表现为两个或两个以上的同种矿物晶体规则连生在一起。如柱状水晶的平行连晶、八面体尖晶石的平行连晶、石膏的燕尾双晶、十字石的十字贯穿双晶等。

(3) 晶簇。由生长在同一基底上的若干个晶体组成的晶体群。组成晶簇的晶体,可以是同一种矿物的晶体,如水晶晶簇。也可以是两种或两种以上矿物的晶体,如黄铁矿-方解石晶簇,雄黄-雌黄-方解石晶簇等。

2. 岩石类

这类观赏石都是岩石块体,且品种多,数量大。它们或造型奇特,或纹饰美观,或色彩斑斓,或图案富于变幻。尤其是造型石和图案石,往往似像非像,可使观赏者充分发挥各自的想象力。岩石类观赏石可分为四个亚类。

(1) 造型石。无论是岩浆岩(也称火成岩)、沉积岩还是变质岩,也无论是何种地质作用形成,凡是具有奇特外部造型的岩石块体,都可以归入此类。如溶蚀和波浪冲蚀作用形成的太湖石,风沙磨蚀作用形成的风棱石,以及化学沉积作用形成的钟乳石等,都属造型石。虽然造型石也可以同时具有纹理或图案,但奇特的外部造型是其主要特征,也是分类的依据。

造型石是观赏石中最常见,也是我国传统石文化最丰富、历史最悠久的一类。

(2) 纹理石和图案石。纹理石和图案石以美妙的纹理和图案为主要特征和分类依据。将纹理石和图案石归为一类,是因为有时通过纹理的变化组合,可以构成特殊的象形图案,难以将两者截然分开。

岩石块体上的颜色变化、矿物颗粒的空间排列形式、矿物成分的不同,或矿物粒度上的差异,都可构成美妙的纹理和图案。如雨花石、昆仑彩石、菊花石等。

(3) 特色玉石。特色玉石指的是那些既不具有奇特外部造型,又不具有纹理和图案,且未经雕琢的玉石块体,其主要特征是质地细腻、温润、色彩艳丽或色彩斑斓。如鸡血石、岫玉、独山玉、软玉等玉石中具有特色的品种。

(4) 陨石。这类观赏石主要是指具有标志性特征的陨石。称它们为观赏石有些勉强,因为它们的观赏价值远低于研究和收藏价值。

3. 古生物化石类

化石是地质历史时期埋藏在沉积地层里的古生物遗体或遗迹。其主要特征和分类依据,与古生物密切相关。本类观赏石是指那些具有观赏价值的古生物化石,如硅化木、恐龙及恐龙蛋化石、鸟化石、鱼化石、珊瑚化石、贝类化石等。

4. 现代生物质石体类

现代生物质石体,是指由现代生物形成的一种特殊石体。这类观赏石包括现代海洋中的珊瑚,及砗磲贝壳、鲍贝壳等。珊瑚、贝壳虽然并非由地质作用形成,但它们的成分和性质类似于石体,是一种特殊的天然石质艺术品。

现代海洋里的珊瑚、贝壳,不属于古生物化石,也有别于岩石,更不同于矿物晶体,根据珊瑚、贝壳的特征,应作为一个新类别,划分为现代生物质石体类。

有人将历代名人收藏过的观赏石单独划作一类,称为"纪念石";将石砚和石质印章等也单独划为一类,称为"文房石"。实际上,名人收藏的观赏石,按其特征,可分别归入本分类方案中的不同类别,这样归类,不但避免了同一观赏石既属此类、又属彼类的重复,还可以更加丰富该类观赏石的文化内涵。至于石砚和石质印章,一般都经过精雕细刻,如果人们所欣赏的不仅仅是石体本身的天然美,同时还包括雕刻的工艺美,那么就应该归属于工艺美术品,不应归入观赏石。

观赏石的地质学属性包含许多不同的方面,如果按成因对观赏石进行分类,就可能把本应为同一类的观赏石,甚至同一种观赏石,划分为不同的类别。如同属于造型石的太湖石和钙质钟乳石,它们的成因完全不同。前者是已经成岩的碳酸盐岩,长期受到含二氧化碳水的溶蚀和波浪冲蚀而形成的;后者是含有重碳酸钙 $CaH_2[CO_3]_2$ 的水溶液,由于 CO_2 的逸散和水分蒸发,使 $Ca[CO_3]$ 结晶沉淀出来形成的。同为钟乳石的钙质钟乳石和孔雀石钟乳石,两者的成因也不完全一样。后者是由含铜硫化物经风化作用形成硫酸铜溶液,当遇到碳酸盐岩或碳酸盐溶液时,发生化学反应,形成孔雀石 $Cu_2[CO_3](OH)_2$。再如玛瑙,有内生和外生两种成因,一是由内生低温热液作用形成,二是由外生沉积作用形成。由此可见按成因分类不太适用。

至于按观赏石的产出环境或产出背景分类,实质上都与成因分类相类似,因为产出环境或产出背景的物理化学条件与成因密切相关。

1.2.2 其他分类

1. 李饶(1990)按产出特征将观赏石分为三类十八型

(1)岩石造型类。

① 地表风蚀作用为主形成的奇特造型。如泰山的雄姿、华山的险峰、黄山的飞来石、内蒙的"风棱石"。

② 由海蚀、河流冲刷作用形成的自然造型。如南京雨花石、山东长岛鹅卵石。

③ 淋积作用形成的自然造型。如石灰岩溶洞中的石钟乳和石笋、青海盐钟

乳、广东孔雀石等。

④ 火山喷发形成的岩石造型。如流纹岩、安山岩和玄武岩等。

⑤ 沉积形成有观赏价值的纹理岩造型。如湖南武陵石英砂岩奇峰、北京景忠韵律石等。

⑥ 天外来客。如陨石。

（2）矿物晶体类。

① 以石取贵，即本身具宝石价值或我国独特的贵稀品种，如多色电气石、海蓝宝石、红色矛头辰砂，如柱如箭的辉锑矿、方解石、雄黄、雌黄晶簇等。

② 以色、形、巧、奇或组合惊人而取胜。即矿物本身并不名贵，难得的是各具特色的晶形。如萤石、黄铁矿晶簇，玫瑰花状的蓝铜矿和绿色丝绒般的孔雀石集合体等。

③ 特别奇特少见的有液体、气体、固体包裹体的矿物晶体。如水胆水晶、水胆绿柱石晶体、固体包裹体等。

（3）有观赏价值的古生物化石类。

① 珊瑚类化石。如鞋珊瑚、蜂窝珊瑚等。

② 腕足类化石。如中国石燕、鸮头贝等。

③ 节肢动物中体态较大者。如三叶虫等。

④ 完整的笔石化石。

⑤ 软体动物中的菊石化石。

⑥ 单体完整的鱼类化石。

⑦ 古人类化石及古脊椎动物化石。如北京猿人、蓝田猿人和恐龙、乳齿象等。

⑧ 有观赏价值的植物化石，如硅化木等。

⑨ 动物遗迹化石。

2. 宋魁昌（1991）根据观赏石的成因划分为八类

（1）沉积、变质、岩浆作用形成。有纹理石、板画石、菊花石、花纹大理石、幔岩包体、火山弹、眼球状片麻岩等。

（2）结晶作用形成的绚丽晶体或晶簇。包括水晶、萤石、石膏、多色电气石、辉锑矿、辰砂、锡石、雄黄、天青石等晶体或晶簇、含金红石或电气石包体石英、水胆水晶、水胆玛瑙等。

（3）各种成矿作用形成的矿物组合美妙、结构构造奇特的矿石。有自然金、自然银、自然铜、孔雀石及晶洞状、伟晶状、皮壳状矿石。

（4）风蚀、海蚀、河蚀形成的砾石或各种形态的奇石。包括雨花石、灵璧石、英石、微形风蚀蘑菇石等。

（5）地下水溶蚀、淋滤作用形成的怪石。有太湖石、昆山石、上水石、奇特钟乳石等。

（6）动植物化石及动物遗迹化石。包括鱼、珊瑚、菊石、腕足类化石、包有昆虫的琥珀、团藻灰岩、硅化木。

（7）构造作用形成的构造岩。有特殊的角砾岩、被颜色鲜明矿物充填的碎裂岩。

（8）天外来客。包括陨石、月岩、雷公墨。

3. 袁奎荣等（1991）根据观赏石产出背景、形态特征及所具意义分为七类

（1）造型石。最常见的类型，通常是一些造型奇特的岩石等，以婀娜多姿的造型为特色，求形似，赏其貌。如江苏太湖石、桂林钟乳石、新疆及内蒙的风棱石等。

（2）纹理石。以具有清晰、美丽的纹理或层理、裂理、平面图案为特色，求神似，赏其意。如南京雨花石、宜昌三峡石、柳州红河石等。

（3）矿物晶体。为近年来被国内外藏石家广泛收集、珍藏的类型，是指漂亮的完整单晶、双晶、连晶、晶簇或稀有品种的微小晶体。如雄黄、辰砂、辉锑矿、黑钨矿、水晶、香花石等。

（4）生物化石。完整、清晰和形态生动的动物化石和植物化石。如三叶虫、菊石、昆虫、恐龙蛋、植物化石等。

（5）事件石。外星物质坠落、火山、地震等重大事件遗留下的石体，或在某历史事件中有特殊意义的石体。如陨石、某次重大火山喷发的火山弹、击毙某总统的石块等。

（6）纪念石。历史名人雅士收藏过的石质品或具特殊纪念意义、科学价值的石体。如蒲松龄、孙中山、朱德、沈钧儒、郭沫若等收藏过的砚台或雅石，国与国赠送的月岩、南极石等。

（7）文房石。质地细腻和（或）形奇色怪，具有一定实用性的石体。如端砚石、昌化石图章、蝙蝠石、镇纸石等。我国文房石的开发有悠久的历史，自成一体。有人认为文房石不应归属于观赏石之列，因此该类型属于目前尚有争议的观赏石。

4. 上海市地质学会观赏石专业委员会（2001）的分类

（1）晶体观赏石（又称晶石）。指由矿物的晶体和晶簇构成的观赏石。

（2）化石观赏石。指由古生物化石构成的观赏石。

（3）象形观赏石。指其自然形态类似某些具体事物的观赏石。

（4）图案观赏石（又称纹理石）。以色彩或纹理构成天然图案或文字的观赏石。

（5）景石观赏石（又称山水石）。以其"瘦"、"皱"、"透"、"漏"而具有欣赏价值的观赏石。包括供石、假山石、盆景石。

（6）彩砾石观赏石（又称彩卵石）。具有美丽色彩和花纹的砾石观赏石。

（7）禅石观赏石。具有哲学意境的观赏石。

（8）纪念石（含事件石）观赏石。具有特殊纪念意义和价值的观赏石。

（9）文房石（含印章、砚石、镇纸石等）观赏石。

1.3
观赏石的命名

不同类别的观赏石，所遵循的命名规则不尽相同。一般说来，无论哪一类观赏石，都须按一定规则给出石种名称，如水晶、绿柱石、太湖石、灵璧石、雨花石、三叶虫化石，等等。在此基础上，还可根据观赏石的意境（艺景），或赋予它的吉祥寓意，给出艺术名称，如雨花石中的春、夏、秋、冬，太湖石中的玉玲珑、瑞云峰等。

1.3.1 矿物晶体类观赏石的命名

1. 单晶体观赏石

一般按矿物名称或宝石名称进行命名，如石榴石、水晶、祖母绿等。

当晶体中含有特殊包裹体时，包裹体可参与命名，如水胆绿柱石、发晶等。如果晶体中的包裹体在分布上构成奇特的图案，除按矿物名称或宝石名称命名外，还可根据图案的意境（艺景），取一个艺术名称。如水晶中含有呈放射状排列的纤维状、针状包裹体，构成一个个花朵，其石种名称为发晶，艺术名称可取名为"心花怒放"。

2. 平行连晶和双晶观赏石

按矿物名称或宝石名称命名。至于是平行连晶还是双晶以及双晶的形态特征，可直接加在矿物名称或宝石名称之后，如水晶平行连晶、石膏燕尾双晶、锡石膝状双晶，等等。

3. 晶簇观赏石

在矿物名称或宝石名称后直接加"晶簇"二字，如水晶晶簇、黄铁矿－方解石晶簇等。有的晶簇形态奇特，如辉锑矿晶簇，其中有的晶体犹如出鞘的利剑，艺术名称可取名为"剑"；再如方解石晶簇，方解石晶体排列成花朵状，艺术名称则取名为"石花"。

1.3.2　岩石类观赏石的命名

本类观赏石的命名较为复杂,归纳起来主要有以下几种情况。

1. 以产地命名

根据观赏石的产地给出石种名称,如太湖石(因产于太湖地区而得名)、英石(因产于广东英德县而得名)、三峡石(因产于长江三峡地区而得名),等等。

在以产地命名的岩石类观赏石中,一些岩性、成因和形态特征相同或基本相同的观赏石,往往因产地不同而有多种名称,如太湖石、英石、巢湖石等就是这样,有人把它们统称为广义太湖石。这里有两个问题值得注意:一是不可以随便以产地命名,以免出现同物不同名的现象;二是对那些历史上以产地命名的著名品种的名称,如灵璧石、英石等,应作为传统名称予以保留。

以产地命名给出的是石种名称,属基本名称。根据观赏石的外部形态或纹理图案,形似某物某景,以及人们赋予它的吉祥寓意,还可再取艺术名称。如有些灵璧石形似龟、兔、鹰等动物,分别取名为"神龟"、"玉兔"、"雄鹰"等。再如置于上海豫园的太湖石"玉玲珑",置于苏州市第十中学的太湖石"瑞云峰",置于青州人民公园的四块太湖石"福"、"寿"、"康"、"宁"等,都是艺术名称与石种名称并用的例子。

此外,有极少数观赏石的艺术名称,是根据其他特征取名的。如上海嘉定秋霞圃有一块太湖石,据《嘉定县志》记载,每逢阴雨天,该石石面上有水珠渗出,色如米汁,取名"米汁囊"。

2. 以成因结合形态特征命名

根据观赏石的成因和形态特征给出石种名称,如钟乳石、风棱石、姜石、卵石、陨石、火山弹等。

钟乳石以钙质钟乳石居多,是形成于洞穴或裂隙中的钟乳状矿物集合体。风棱石是由风沙磨蚀作用形成的具有磨光面和明显棱角的石块。姜石是形成于黄土中的钙质结核,形状酷似生姜。卵石是产于古河床或现代河床中磨圆度较好的砾石。陨石是天外来客。火山弹属火山喷发物。

这里需要说明的是,虽然雨花石是产于砂砾岩中的卵石,但它是我国古代著名的四大玩石之一,闻名中外,故"雨花石"一名应予以保留,作为石种名称继续使用。卵石用来称呼那些尚未命名,或虽已命名但知名度不高的砾石观赏石。

以成因结合形态特征命名的观赏石,也可再取艺术名称,如钟乳状孔雀石石柱,其艺术名称为"擎天石柱"。

3. 以美妙传说命名

以美妙传说命名的观赏石为数不多,雨花石是一个典型例子。相传南朝梁武帝时期(502—549),云光法师在今南京市中华门外讲经说法,感动了上苍,天降雨花,雨花落地化为彩石,故名雨花石。

雨花石是石种名称,根据它的纹饰或图案,大都可取艺术名称。

4. 使用玉石名称

玉石类观赏石的命名比较简单,直接使用玉石名称即可,如独山玉、岫玉、羊脂白玉等。

除上述情况外,还有采用产地加色彩命名的,如昆仑彩石。也有使用岩石名称的,如角砾岩、构造岩等。

1.3.3 古生物化石类和现代生物质石体类观赏石的命名

1. 古生物化石类观赏石

通常按照古生物名称加"化石"二字命名,如珊瑚化石(或××珊瑚化石)、鱼化石(或××鱼化石)等。如果某种古生物化石另有专用名称,则使用专用名称,如木化石,可称其为硅化木(也是宝石名称)。在不至于混淆的情况下,也可将"化石"二字略去,如恐龙蛋化石,可简称恐龙蛋。

2. 现代生物质石体类观赏石

主要是指现代海洋中的珊瑚和砗磲。珊瑚的命名,可根据颜色命名为红珊瑚、蓝珊瑚、白珊瑚等。贝壳的命名,若能确定其种属,可命名为砗磲贝壳、鲍贝壳等,若不能确定其种属,命名为贝壳即可。

2.1
晶体的概念、性质与面角守恒

2.1.1　晶体的概念

说到晶体,可能大多数人会认为它是一种相当罕见的东西,其实晶体是十分常见的。自然界的冰、雪及土壤、沙子和岩石中的各种矿物,以至我们吃的食盐、冰糖,用的金属材料和一些固体化学药品等,都是晶体。

最初人们把具有天然几何多面体外形的矿物称为晶体(如水晶,见图2-1)。这是狭义概念的晶体。

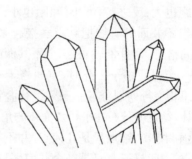

图 2-1　呈几何多面体外形的水晶晶体

是否具有规则的几何多面体外形,并不是晶体的本质,只是一种外部现象。只要生长环境条件允许,任何一个晶体都可以长成具有规则几何多面体外形的完美形态。

晶体的现代定义是:内部原子或离子在三维空间呈周期性平移重复排列的固体,称为晶体。或者说晶体是具有格子构造的固体。

从氯化钠的晶体结构(见图2-2)可以看出,无论氯离子还是钠离子,在晶体结构的任一方向上,

图 2-2 NaCl 的晶体结构：大球 Cl⁻；小球 Na⁺

都是每隔一定的距离重复出现一次。为了进一步揭示这种重复规律，我们在其结构中任意选择一个几何点，如选在氯离子与钠离子相接触的某一点上，然后在整个结构中把所有这样的等同点都找出来。所谓等同点，就是在晶体结构中占据相同位置且具有相同环境的点。显然，这一系列等同点的重复规律，必定也是在三维空间呈周期性平移重复排列的。

这样一系列在三维空间呈周期性平移重复排列的几何点(即等同点)，称为结点。

分布在同一直线上的结点，构成一个行列。任意两个结点可决定一个行列。行列上两个相邻结点间的距离，称为结点间距。相互平行的行列，其结点间距必定相等；不相平行的行列，其结点间距一般不相等。

联接分布在同一平面内的结点，构成一个面网。任意两个相交的行列可决定一个面网。面网上单位面积内的结点数，称为面网密度。两相邻面网间的垂直距离，称为面网间距。相互平行的面网，其面网密度和面网间距必相等；不相平行的面网，一般来说，它们的面网密度和面网间距都不相等。并且面网密度大的面网，其面网间距也大；反之，密度小，间距也小。

用三组不共面的直线把结点联接起来，就构成了空间格子(见图 2-3)。三个不共面的行列可决定一个空间格子。此时，空间格子本身将被这三组相交行列划分成一系列平行叠置的平行六面体，结点就分布在平行六面体的角顶。

应当强调指出，结点只是几何点，并不等于实在的质点；空间格子也只是一个几何图形，并

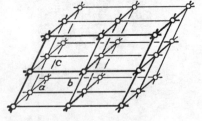

图 2-3 空间格子

不等于晶体内部包含了具体原子或离子的格子构造。但是，格子构造中具体原子或离子在空间分布的规律性，可由空间格子中结点在空间分布的规律性来表征。

2.1.2 非晶质体的概念

非晶质体是指内部原子或离子在三维空间不呈规律性重复排列的固体。或者说非晶质体是内部质点不具有格子构造的固体。如火山玻璃。

当加热非晶质体时，它不像晶体那样表现出有确定的熔点，而是随着温度的升高逐渐软化，最后成为流体。

晶体与非晶质体在一定的条件下是可以相互转化的，由晶体转变成非晶质体，

称为非晶化或玻璃化;由非晶质体转变成晶体,称为晶化或脱玻化。

2.1.3　晶体的基本性质

晶体是具有格子构造的固体,因此,凡是晶体,都具备一些共有的、由格子构造所决定的基本性质。

1. 结晶均一性

在同一晶体的各个不同部位,其内部质点(原子或离子)的分布是一样的,即具有完全相同的内部结构,所以,同一晶体的任何部位都具有相同的性质,从而表现出晶体的结晶均一性。

2. 各向异性

晶体的格子构造中,内部质点(原子或离子)在不同方向上的排列一般是不一样的,因此,晶体的性质因方向不同而表现出差异,这种特性称为各向异性。

解理是晶体各向异性最明显的例子。再如蓝晶石的硬度,随方向不同表现出显著的差异,故蓝晶石又名二硬石。

3. 对称性

晶体外形上的相同晶面、晶棱或性质,能够在不同的方向或位置上有规律地重复出现,这种特性称为对称性。

晶体外形和性质上的对称,是晶体内部结构(格子构造)对称性的外在反映。

4. 自范性(或称自限性)

自范性指晶体能自发地形成封闭的几何多面体外形的特性。晶体表面自发形成的平面称为晶面,它是晶体格子构造中最外层的面网。晶面的交棱称为晶棱,它对应于最外层面网相交的公共行列。所以,晶体必然能自发地形成几何多面体外形,将自身封闭起来。

一些晶体经常呈不规则粒状,不具几何多面体外形,这是由于晶体生长时受到空间限制等因素造成的。

5. 最小内能性

在相同的热力学条件下,较之于同种化学成分的气体、液体及非晶质固体而言,晶体的内能最小。

这是因为晶体具有格子构造,其内部原子或离子之间的引力和斥力达到了平衡状态。

6. 稳定性

晶体的最小内能性,决定了晶体具有稳定性。对于化学组成相同但处于不同物态下的物体而言,晶体最稳定。

非晶质体能自发地向晶体转变,并释放出多余的内部能量,但晶体不可能自发地转变为非晶质体,这表明晶体具有稳定性。

2.1.4 晶体的面角守恒定律

理想的生长环境,可使晶体自发地长成完美的晶体形态。由于受到生长环境的制约,所形成的晶体的形态往往发生畸变,例如立方体晶形常畸变为三向不等长的长方体;有些晶体甚至缺失部分晶面。

这种偏离本身理想晶形的晶体称为歪晶,相应的晶形称为歪形。绝大多数晶体都是歪形,只是畸变程度不同罢了。

不管晶形如何畸变,同种晶体之间,对应晶面间的夹角恒等,这就是面角守恒定律。

所谓面角,是指晶面法线间的夹角,其数值等于相应晶面实际夹角的补角(即180°减去晶面实际夹角)。

2.2
晶体的对称要素、对称型和对称分类

2.2.1 晶体的对称要素

对称性是晶体的基本性质之一。所谓对称,是指物体(或图形)的相同部分作有规律的重复。对称现象在自然界广泛存在,如花朵上的花瓣、人的左右手、风扇的叶片等。

欲使物体中的相同部分重复,必须通过一定的操作,而且还必须凭借面、线、点等几何要素才能完成。这种操作称为对称操作,所凭借的几何要素称为对称要素。对称要素包括对称面、对称轴和对称中心。

1. 对称面(符号 P)

对称面是一个假想的平面,相应的对称操作是对于该平面的反映。对称面像一面镜子,它将晶体平分为互呈镜像反映的两个相同部分。

晶体中可以没有对称面,也可以有一个或几个对称面,如果有对称面,则对称面必通过晶体的几何中心。当对称面多于一个时,则将数目写在 P 的前面加以表述,如 3P、6P 等。

2. 对称轴(符号 L^n)

对称轴是一根假想的直线,相应的对称操作是围绕该直线的旋转,每转过一定角度,晶体的各个相同部分就重复一次,即晶体复原一次。旋转一周,相同部分重复的次数,称为该对称轴的轴次,若轴次为 4,就写作 L^4。使相同部分重复所需要旋转的最小角度,称为基转角。

由于任一晶体旋转一周后,相同部分必然重复,所以,轴次 n 必为正整数,而基转角 α 必须要能整除 $360°$,且有 $n = 360°/\alpha$。

晶体内部结构的空间格子规律,决定了在晶体中只可能出现 L^1、L^2、L^3、L^4 和 L^6,不可能有五次和高于六次的对称轴出现,这就是晶体对称定律。

一次对称轴无实际意义,因为任何物体围绕任一轴线旋转一周后,必然恢复原状。这样一来,晶体中对称轴的轴次也就只有 2 次、3 次、4 次和 6 次四种。轴次高于 2 次的对称轴(即 L^3、L^4 和 L^6)统称为高次轴。

一个晶体中,可以没有对称轴,可以只有一个对称轴,也可以有几个同轴次或不同轴次的对称轴。例如尖晶石有 3 个 L^4、4 个 L^3、6 个 L^2、9 个 P 和 1 个 C,可表述为 $3L^4 4L^3 6L^2 9PC$。

还有一种倒转轴(符号 L_i^n),可参阅相关书籍,这里不再作介绍。

3. 对称中心(符号 C)

对称中心是一个假想的几何点,相应的对称操作是对于这个点的倒反(反伸)。由对称中心联系起来的两个相同部分,互为上下、左右、前后均颠倒相反的关系。晶体具有对称中心时,晶体上的任一晶面,都必定有与之成反向平行的另一相同晶面存在,并且对称中心必定位于晶体的几何中心。

2.2.2 晶体的对称型

上面讲了对称要素,绝大多数晶体的对称要素都多于一个,它们按一定的规律组合在一起而共同存在。

对称型是指单个晶体中全部对称要素的集合。如上面所举尖晶石的例子,其对称型即为 $3L^4 4L^3 6L^2 9PC$。

根据晶体中可能出现的对称要素种类以及对称要素间的组合规律,最后得出:在所有晶体中,总共只能有 32 种不同的对称要素组合方式,即 32 种对称型。

2.2.3 晶体的对称分类

对称型是反映宏观晶体对称性的基本形式,在此基础上,可对晶体进行科学的分类。

在晶体的对称分类中,首先根据有无高次轴及高次轴的多少,将晶体划分为三个晶族,即高级晶族、中级晶族和低级晶族。晶族是晶体分类中的第一级对称类别。晶族之下的对称类别是晶系,共划分为如下七个晶系:等轴晶系(又称立方晶系)、六方晶系、四方晶系(又称正方晶系)、三方晶系、斜方晶系(又称正交晶系)、单斜晶系和三斜晶系。每个晶系又包含若干个对称型(见表 2-1)。

表 2-1　晶体的 32 种对称型及对称分类

序号	对 称 型	对 称 特 点		晶 系	晶 族
1 2	L^1 $**C$	无 L^2 和 P	无 高 次 轴	三斜晶系	低 级 晶 族
3 4 5	L^2 P $**L^2PC$	L^2 和 P 均不多于一个		单斜晶系	
6 7 8	$3L^2$ $L^2 2P$ $**3L^2 3PC$	L^2 和 P 的总数不少于三个		斜方晶系 (正交晶系)	
9 10 11 12 13	L^3 $*L^3 C$ $*L^3 3L^2$ $L^3 3P$ $**L^3 3L^2 3PC$	唯一的高次轴为三次轴	必 定 有 且 只 有 一 个 高 次 轴	三方晶系	中 级 晶 族
14 15 16 17 18 19 20	L^4 L^4_i $*L^4 PC$ $L^4 4L^2$ $L^4 4P$ $L^4_i 2L^2 2P$ $**L^4 4L^2 5PC$	唯一的高次轴为四次轴		四方晶系 (正方晶系)	
21 22 23 24 25 26 27	L^6 L^6_i $*L^6 PC$ $L^6 6L^2$ $L^6 6P$ $L^6_i 3L^2 3P$ $**L^6 6L^2 7PC$	唯一的高次轴为六次轴		六方晶系	

续 表

序号	对 称 型	对 称 特 点		晶 系	晶 族
28	$3L^2 4L^3$		高次轴多于一个	等轴晶系（立方晶系）	高级晶族
29	* $3L^2 4L^3 3PC$				
30	$3L^4 4L^3 6L^2$	必定有四个 L^3			
31	* $3L_i^4 4L^3 6P$				
32	* * $3L^4 4L^3 6L^2 9PC$				

注：带 * * 为矿物中常见；* 为矿物中较常见。

2.3

晶体定向及晶面符号

2.3.1　晶体定向

结晶学坐标系是指在晶体中按一定法则所选定的一个三维坐标系。

晶体定向就是选定具体晶体中的结晶学坐标轴——结晶轴，并确定各轴的方向和它们轴单位的比值。

晶体定向有三轴定向和四轴定向两种。

三轴定向选择三根结晶轴，通常将它们标记为 a 轴、b 轴、c 轴（或 X 轴、Y 轴、Z 轴）。三个结晶轴的交点安置在晶体中心。c 轴上下直立，正端朝上；b 轴为左右方向，正端朝右；a 轴为前后方向，正端朝前。每两个结晶轴正端之间的夹角称为轴角。如图 2-4 所示：$\alpha = b$ 轴 $\wedge c$ 轴，$\beta = c$ 轴 $\wedge a$ 轴，$\gamma = a$ 轴 $\wedge b$ 轴。

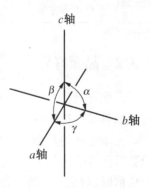

图 2-4　结晶轴与轴角

在结晶轴上度量距离时，用作计量单位的那段长度，称为轴单位，它等于格子构造中平行于结晶轴的行列的结点间距。a 轴、b 轴、c 轴各自的轴单位分别以 a、b、c 表示。晶面在三个结晶轴上的截距，分别与相应的轴单位之比值，即是该晶面在三个结晶轴上的截距系数。

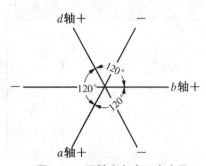

图2-5 四轴定向中三个水平
结晶轴的安置

四轴定向适用于三方晶系和六方晶系的晶体,与三轴定向不同的是,除一个直立结晶轴外,还有三个水平结晶轴,即增加了一个 d 轴(或称 U 轴)。四个轴的具体安置是:c 轴上下直立,正端朝上;三个水平轴中 b 轴左右水平,正端朝右;a 轴左前—右后水平,正端朝前偏左 $30°$;d 轴左后—右前水平,正端朝后偏左 $30°$。三个水平轴正端之间的夹角均为 $120°$(见图2-5)。

各个晶系中结晶轴的安置及晶体几何常数特征见表2-2。

表2-2 各晶系结晶轴的安置及晶体几何常数特征

晶系	结 晶 轴 的 方 向	轴 角	轴单位
等轴	a 轴前后水平,b 轴左右水平,c 轴直立。	$\alpha=\beta=\gamma=90°$	$a=b=c$
四方	a 轴前后水平,b 轴左右水平,c 轴直立。	$\alpha=\beta=\gamma=90°$	$a=b\neq c$
三方六方	c 轴直立,b 轴左右水平,a 轴水平朝前偏左 $30°$,d 轴水平朝后偏左 $30°$。	$\alpha=\beta=90°$ $\gamma=120°$	$a=b\neq c$
斜方	c 轴直立,a 轴前后水平,b 轴左右水平。	$\alpha=\beta=\gamma=90°$	$a\neq b\neq c$
单斜	c 轴直立,b 轴左右水平,a 轴前后朝前下方倾。	$\alpha=\gamma=90°,\beta>90°$	$a\neq b\neq c$
三斜	c 轴直立,b 轴左右朝右下方倾,a 轴大致前后朝前下方倾。	$\alpha\neq\beta\neq\gamma,\alpha>90°,$ $\beta>90°,\gamma\neq90°$	$a\neq b\neq c$

2.3.2 晶面符号

晶面符号是一种用以表示晶面在晶体空间中取向关系的数字符号。通常所说的晶面符号是指国际上通用的米氏符号。

三轴定向的晶面符号写成 (hkl) 的形式。h、k、l 称为晶面指数(是截距系数的倒数),指数的排列顺序必须依次与 a 轴、b 轴、c 轴相对应,不得颠倒。当某个指数为负值时,就把负号写于该指数的上方,例如 h 指数为负值时,则写成 $(\bar{h}kl)$。

四轴定向的晶体,每个晶面有四个晶面指数 h、k、i、l,晶面符号写成 $(hkil)$,指数的排列顺序依次与 a 轴、b 轴、d 轴、c 轴相对应,不得颠倒。

在实际应用上,一般来说,主要的问题不在于如何具体测算晶面符号,而是看到一个晶面符号后,能够明白它的含义,想象出它在晶体上的方位。以下几点结论是很有实用价值的。

（1）晶面符号中某个指数为 0 时，表示该晶面与相应的结晶轴平行。第一个指数为 0，表示晶面平行于 a 轴；第二个指数为 0，表示晶面平行于 b 轴；最后一个指数为 0，表示晶面平行于 c 轴。

（2）同一晶面符号中，指数的绝对值越大，表示晶面在相应结晶轴上的截距系数绝对值越小；在轴单位相等的情况下，还表示相应截距的绝对长度也越短，而晶面本身与该结晶轴之间的夹角则越大。例如四方晶系晶体中，晶面（231），截 a 轴较长，截 b 轴较短，长短比为 3 : 2，但与 c 轴上的截距不能直接比较，因为彼此的轴单位不相等。

（3）同一晶面符号中，如果有两个指数的绝对值相等，而且与它们相对应的那两个结晶轴的轴单位也相等，则晶面与两个结晶轴以等角度相交。例如等轴晶系和四方晶系晶体中，晶面（221）与 a 轴和 b 轴以相同的角度相交。

（4）在同一晶体中，如果有两个晶面，它们对应的三组晶面指数的绝对值全都相等，正负号恰好全都相反，这两个晶面必定相互平行。例如（$1\bar{3}0$）和（$\bar{1}30$）就代表一对相互平行的晶面。

2.4
晶体的单形和聚形

晶体的形态千姿百态，如黄铁矿的立方体、萤石的八面体、石榴石的菱形十二面体，以及水晶的由六方柱和两个菱面体聚合成的形态，等等。

根据晶体中晶面之间的相互关系，可把晶体分为单形（如立方体、菱形十二面体）和聚形（如六方柱与两个菱面体聚合成的形态）两种。

2.4.1 单形

单形是指一个晶体中，彼此间能对称重复的一组晶面的组合。同一单形的各个晶面必能相互对称重复，具有相同的性质；不属于同一单形的晶面绝不可能相互对称重复。

单形符号是指以简单的数字符号的形式，来表征一个单形的所有晶面在晶体上取向的一种结晶学符号。

单形符号的构成，是在同一单形的各个晶面中，按一定的原则选择一个代表晶面,将该晶面指数顺序连写置于大括号内,写成$\{hkl\}$的形式,以代表整个单形。例如立方体有六个晶面:(100)、(010)、(001)、$(\bar{1}00)$、$(0\bar{1}0)$和$(00\bar{1})$,它们属于同一个单形,我们选择(100)晶面作为代表,将晶面指数置于大括号内,写成$\{100\}$,就代表立方体这个单形。

注意:在不同的晶系中,单形符号$\{100\}$所代表的晶面数和晶面形状不相同,如四方晶系中的$\{100\}$代表四方柱,共四个晶面。

前面已经讲了,对称型共有 32 种。对 32 种对称型逐一进行推导,最终可得出 146 种结晶学上不同的单形。如果只从它们的几何性质着眼,而不考虑单形的真实对称性,那么 146 种结晶学上不同的单形,可归并为几何性质不同的 47 种几何学单形。低级晶族中有 7 种(见图 2-6),中级晶族中有 25 种(见图 2-7),高级晶族中有 15 种(见图 2-8)。

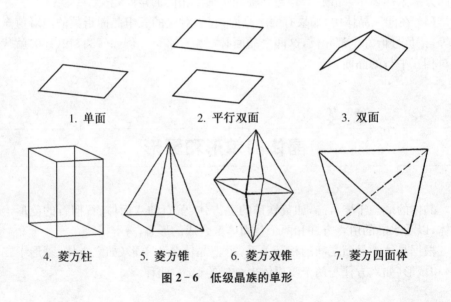

1. 单面　　　　2. 平行双面　　　　3. 双面

4. 菱方柱　　5. 菱方锥　　6. 菱方双锥　　7. 菱方四面体

图 2-6　低级晶族的单形

2.4.2　聚形

聚形是指两个或两个以上单形的聚合。

在 47 种几何学单形中,单面、双面、平行双面以及各种柱和锥等 17 种单形,仅由一个单形自身的全部晶面,不能围成封闭空间的单形,称它们为开形;其余 30 种单形,由一个单形自身的晶面就能够围成闭合的凸多面体的单形,称它们为闭形。

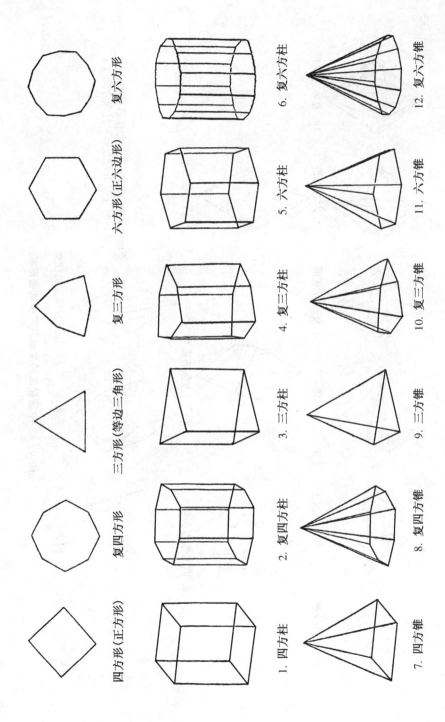

复六方形

六方形（正六边形）

复三方形

三方形（等边三角形）

复四方形

四方形（正方形）

6. 复六方柱

5. 六方柱

4. 复三方柱

3. 三方柱

2. 复四方柱

1. 四方柱

12. 复六方锥

11. 六方锥

10. 复三方锥

9. 三方锥

8. 复四方锥

7. 四方锥

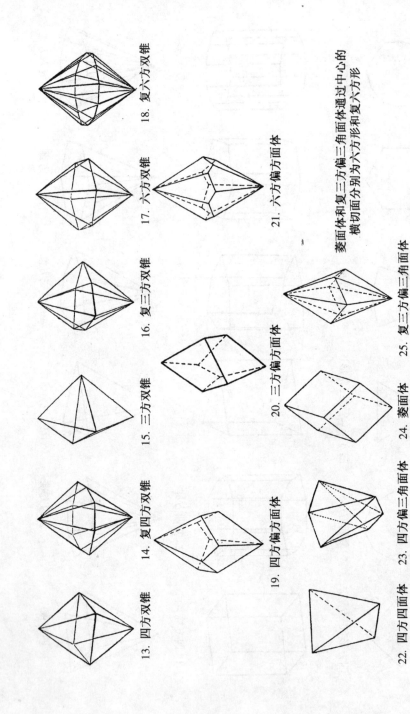

13. 四方双锥　14. 复四方双锥　15. 三方双锥　16. 复三方双锥　17. 六方双锥　18. 复六方双锥

19. 四方偏方面体　20. 三方偏方面体　21. 六方偏方面体

22. 四方四面体　23. 四方偏三角面体　24. 菱面体　25. 复三方偏三角面体

菱面体和复三方偏三角面体通过中心的横切面分别为六方形和复六方形

图 2-7　中级晶族的单形及其横切面形状

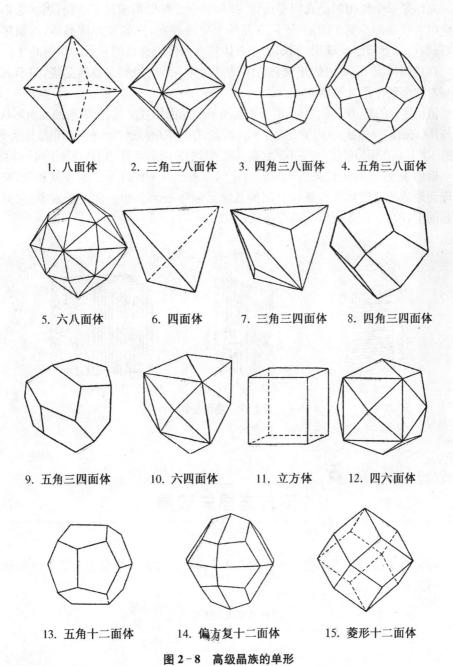

1. 八面体　　2. 三角三八面体　　3. 四角三八面体　　4. 五角三八面体

5. 六八面体　　6. 四面体　　7. 三角三四面体　　8. 四角三四面体

9. 五角三四面体　　10. 六四面体　　11. 立方体　　12. 四六面体

13. 五角十二面体　　14. 偏方复十二面体　　15. 菱形十二面体

图 2-8　高级晶族的单形

晶体是一个封闭的凸几何多面体,而单独一个开形不能封闭空间,因此它们必然要组合成聚形。至于闭形,既可在晶体上单独存在,例如立方体晶体、八面体晶体等;也可以参与组成聚形,例如由立方体和八面体组合成的萤石的聚形晶体。

在任何情况下,单形的相聚必定遵循对称性一致的原则。也就是说,只有属于同一对称型的单形才可能相聚。

值得注意的是,单形相聚后,由于不同单形的晶面相互交截,使单形的晶面形状变得与其单独存在时的形状可能完全不同。因此,单纯依据晶面形状来判断单形是极不可靠的。尤其是在歪形晶体中,更不能根据晶面形状的异同来判别它们是否属于同一单形。

聚形条纹(或称生长条纹)是指,由不同单形的一系列细窄晶面反复相聚、交替出现而形成的直线状平行条纹。聚形条纹是晶体表面上的一种生长现象,它只见于晶面上,因此,也常被称为晶面条纹(见图 2-9)。

　1. 水晶　　　　　2. 电气石　　　　　3. 黄铁矿

图 2-9　晶面条纹

2.5

平行连晶与双晶

通常晶体多以单体间相互连生的方式产出。晶体的连生分类如下。此处仅介绍平行连晶和双晶。

$$
晶体的连生
\begin{cases}
规则连生
\begin{cases}
同种晶体规则连生
\begin{cases}
平行连晶 \\
双晶
\end{cases} \\
不同种晶体规则连生
\begin{cases}
浮生 \\
交生
\end{cases}
\end{cases} \\
不规则连生
\begin{cases}
同种晶体不规则连生(如水晶晶簇) \\
不同种晶体不规则连生(如水晶-黄铁矿晶簇)
\end{cases}
\end{cases}
$$

2.5.1 平行连晶

平行连晶是指两个或两个以上的同种晶体按所有对应的结晶方向(包括各个对应的结晶轴、晶面及晶棱的方向)全都相互平行的关系而形成的规则连生体。平行连晶表现在外形上,各个单体间的所有对应晶面必定全都彼此平行(见图2-10);从内部结构上看,各个单体的格子构造都是彼此平行而连续的(见图2-11)。可以说平行连晶是单晶体的一种特殊形式。

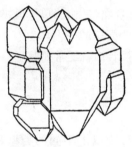
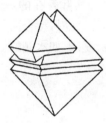

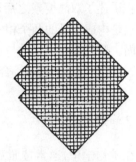

| 1. 水晶 | 2. 磁铁矿 | 图2-11 平行连晶的内部格子构造平行而连续 |

图2-10 平行连晶

2.5.2 双晶和双晶要素

双晶(又称孪晶)是指两个或两个以上的同种晶体彼此间按一定的对称关系而形成的规则连生体。各单体间必有一部分相对应的结晶方向彼此平行,而其余相对应的结晶方向肯定互不平行。构成双晶的两个单体,它们的内部格子构造是不平行、不连续的,这是双晶与平行连晶的根本不同之处。

双晶要素是双晶中单体间对称关系的几何要素,它包括双晶面、双晶轴和双晶中心。

1. 双晶面

双晶面是一个假想的平面,通过它的反映后,构成双晶的两个单体能够重合或处于平行一致的方位。

双晶面的作用相当于对称面的作用,但两者有着根本区别。由双晶面联系起来的是两个单体;而对称面联系起来的是一个单体的两个相同部分。因此,双晶面绝不可能平行于单体中的对称面。

2. 双晶轴

双晶轴是一条假想的直线,双晶中的一个单体围绕它旋转 180°后,可与另一个单体重合或处于平行一致的方位。

双晶轴的作用相当于二次对称轴的作用,但由于双晶轴是对两个单体而言的,所以双晶轴绝不可能平行于单体中的偶次对称轴。

3. 双晶中心

双晶中心是一个假想的点,两个单体通过该点倒反后,能够相互重复。它的作用相当于对称中心的作用,但是,双晶中心绝不可能与单体的对称中心并存。

在讲述了双晶要素之后,需要特别强调的一点是,双晶接合面不是一种双晶要素。它是构成双晶的两个相邻单体之间实际存在的一个接合面,是相邻单体间的公共界面。双晶接合面经常与双晶面重合,此时,接合面是一个简单的平面。也有不少双晶因单体间相互贯穿,接合面便曲折复杂,如水晶的双晶接合面就经常如此。

2.5.3 双晶类型

在矿物学中,通常按照双晶单体间接合方式的不同,分为以下不同的类型(见图 2-12)。

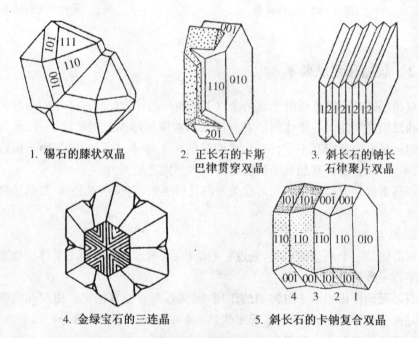

1. 锡石的膝状双晶　　2. 正长石的卡斯　　3. 斜长石的钠长
　　　　　　　　　　巴律贯穿双晶　　　石律聚片双晶

4. 金绿宝石的三连晶　　5. 斜长石的卡钠复合双晶

图 2-12　双晶类型

1. 简单双晶

简单双晶是由两个单体构成的双晶。其中又可分为以下两种：

（1）接触双晶。两个单体间以一个明显而规则的接合面相接触。如锡石的膝状双晶（见图 2 - 12 - 1）。

（2）贯穿双晶（又称透入双晶）。两个单体相互穿插，接合面常曲折复杂。如正长石的卡斯巴律贯穿双晶（见图 2 - 12 - 2）。

双晶律是指按一定规律结合的双晶的名称，如卡斯巴律、钠长石律等。

2. 反复双晶

反复双晶是由两个以上的单体，彼此间按同一种双晶律多次反复出现而构成的双晶群。其中又可分为以下两种：

（1）聚片双晶。由若干个单体按同一种双晶律所组成的双晶，表现为一系列接触双晶的聚合，所有接合面均相互平行。如斜长石中的钠长石律聚片双晶（见图 2 - 12 - 3）。

（2）轮式双晶。由两个以上的单体，按同一种双晶律所组成的双晶，表现为若干组双晶的依次组合，各接合面互不平行，依次成等角度相交，双晶总体往往成轮辐状或环状（环不一定封闭，可以成开口状）。轮式双晶按其单体的个数，可分别称为三连晶、四连晶、五连晶、六连晶、八连晶等。如金绿宝石的三连晶（见图 2 - 12 - 4）。

3. 复合双晶

复合双晶由两个以上的单体，彼此间按不同的双晶律所组成的双晶。如斜长石的卡钠复合双晶（见图 2 - 12 - 5）。单体 1 和 2 以及 3 和 4 之间均按钠长石律结合；单体 2 和 3 之间按卡斯巴律结合，于是，单体 1 和 4 之间也成卡斯巴律的关系；单体 1 和 3 以及 2 和 4 虽然都未直接相连，但它们之间的相对方位都构成了卡钠复合双晶的关系。

2.5.4 双晶的识别

晶体中的双晶颇为常见，但是，自然界所出现的矿物双晶，它们的形状往往不完整、不理想。组成双晶的单体或多或少都长成歪形，各单体的大小也不尽相同；有时只出现少数晶面，甚至无晶面出现，这给用肉眼识别双晶造成很大困难，不过还是可以依据外表的一些现象来识别双晶。

1. 凹入角

凹入角是双晶外形上经常出现的现象（单晶体是一个凸几何多面体）。但应注意，并非所有的双晶都必定出现凹入角；也并非凡是有凹入角的都是双

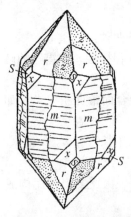

图 2-13 水晶的道芬双晶,双晶缝弯曲,晶面条纹不连续

晶,平行连晶以及无规则的连生晶体间都可存在凹入角。

2. 假对称

有的双晶外形上好像是一个单晶体,但此时整个双晶外形上所表现出来的对称性,肯定与单晶体所固有的对称性不同,因而是一种假对称。

3. 双晶缝

双晶缝是双晶接合面在双晶表面或断面上的迹线。多数是直线或简单的折线,也有不规则的复杂曲线。有的双晶,两个单体的部分晶面可以平行一致或基本平行,犹如一个晶面,但仔细观察可见双晶缝,并且在双晶缝的两侧,晶面条纹不连续,被双晶缝隔断,双晶缝两侧的光泽也不一样。如水晶的双晶(见图 2-13)。

4. 双晶条纹

双晶条纹是由一系列相互平行的接合面,在晶面或解理面上的迹线(即双晶缝)所构成的直线状条纹。不过肉眼所看到的条纹,实际上是被一系列双晶缝所隔开的晶面或解理面的两组细窄条带,交替地向两个不同方向反光而造成的明暗相间的条纹。例如在斜长石的聚片双晶中,就可见到这样的双晶条纹。

5. 解理方向

双晶中的两个单体,只有当双晶面或接合面正好平行于某个解理面时,两者的解理方向才会平行一致。一般情况下,两单体的解理面不相平行,对于双晶要素构成对称关系,所以可用来帮助确定双晶。

除了上述用肉眼观察的现象外,还可借助晶体测量,偏光显微镜观察,X 射线照相和人工蚀像,个别的(如水晶)还可根据压电性等物理性质的测定,来确定是否存在双晶。

2.6
类质同像与同质多像

2.6.1 类质同像

类质同像是指在确定的某种晶体的晶格中,本应全部由某种离子或原子占有的结构位置,部分被性质相似的他种离子或原子替代占有,并不引起键性和晶体结构型式发生质的变化,共同结晶成均匀的、呈单一相的混合晶体(即类质同像混晶)。例如镁橄榄石$Mg_2[SiO_4]$晶体,其晶格中的部分 Mg^{2+},被 Fe^{2+} 替代,由此形成的橄榄石$(Mg,Fe)_2[SiO_4]$晶体,就是一种类质同像混晶。

具有类质同像替代关系的两种组分,能在整个或确定的某个局部范围内,以不同的含量比形成一系列成分上连续变化的混晶,即构成类质同像系列。

人们经常把类质同像混晶笼统地称为固溶体。严格说来两者是有差别的。固溶体有填隙式、替位式和缺位式三种类型。类质同像混晶只与替位固溶体相当。

1. 完全类质同像与不完全类质同像

根据不同组分间在晶格中所能替代的范围,可将类质同像分为完全类质同像和不完全类质同像。

(1) 完全类质同像。两种组分间能以任意比例替代形成类质同像混晶。在完全类质同像系列两端的纯组分称为端员组分;主要由端员组分组成的矿物称为端员矿物。

(2) 不完全类质同像。两种组分间只能在确定的某个有限范围内,以各种不同的比例替代形成类质同像混晶。

2. 等价类质同像和异价类质同像

根据晶格中相互替代的离子的电价是否相等,类质同像又可分为等价类质同像和异价类质同像。

(1) 等价类质同像。成替代关系的离子(或原子)为等价离子(或原子)所形成的类质同像混晶。如橄榄石$(Mg,Fe)_2[SiO_4]$和银金矿(Au,Ag)就属于等价类质同像。

(2) 异价类质同像。成替代关系的离子为不等价离子所形成的类质同像混晶。为了保持晶格的电中性,被替代离子的总电荷与替代离子的总电荷必须保持相等,当一个 Fe^{2+} 替代一个 Fe^{3+} 时,就有一个 Ca^{2+} 替代一个 Na^+,即 $Fe^{2+}+Ca^{2+}$ 替代 $Fe^{3+}+Na^+$。

2.6.2　同质多像

同质多像(也称同质异像)是指同种化学成分,能够结晶成若干种内部结构不同的晶体。这样的一些晶体称为同质多像变体。如同样是碳酸钙,可结晶成三方晶系的方解石,也可结晶成斜方晶系的文石。

一种物质的各同质多像变体,都有它自身稳定的温度压力范围,当环境的温度压力条件改变到超出某种变体的稳定范围时，该种变体就会在固态条件下转变成另一种变体。如 SiO_2 的四种变体间的转变关系：

$$\alpha-\text{石英} \underset{}{\overset{573℃}{\rightleftharpoons}} \beta-\text{石英} \xrightarrow{870℃} \beta_2-\text{鳞石英} \xrightarrow{1\,470℃} \beta-\text{方石英} \underset{}{\overset{1\,720℃}{\rightleftharpoons}} (\text{熔体})$$

双向箭头表示两者之间的转变是可逆的；单向箭头表示只在升温过程中发生转变，而在降温过程中并不发生相应的可逆转变。

3.1
矿物、矿物种及其命名

3.1.1 矿物与准矿物

1. 矿物的概念

在古代,人们把从矿山采掘出来的未经加工的天然物体称为矿物。

现代对矿物的定义:矿物是天然产出的单质或化合物,它们各自都有相对固定的化学组成和确定的内部结晶构造;通常由无机作用形成,在一定的物理化学条件范围内稳定;是组成岩石和矿石的基本单元。

所有的矿物都是晶体,人们认识晶体,也正是首先从认识矿物晶体开始的。

2. 准矿物的概念

准矿物也称似矿物,是指在产出状态、成因和化学组成等方面均具有与矿物相同的特征,但不具有结晶构造的均匀固体。

准矿物数量很少,较常见的如 A 型蛋白石 $(SiO_2 \cdot nH_2O)$。但天然非晶质的火山玻璃不属于准矿物之列,因它没有一定的化学成分,应属于岩石。

矿物被限定为晶体,并建立了准矿物的概念,但准矿物仍是矿物学研究的对象,因此,在一般情况下,并不把准矿物与矿物严格区分。

3.1.2 矿物种的概念

矿物种是指具有相同的化学组成和晶体结构的一种矿物。如绿柱石、方解石、萤石等都是矿物种的名称。

在划分矿物种时,对于同一化学成分的各同质多像变体而言,虽说化学成分相同,但它们的晶体结构有明显差别,因而都是不同的矿物种。如方解石和文石,就是两个不同的矿物种。

对于类质同像系列,尤其是完全类质同像系列,它们的化学组成,可以从一个端员组分连续过渡到另一个端员组分,过去都将这样的类质同像系列,按区间划分为几个不同的矿物种。后来,国际新矿物及矿物命名委员会规定,对于一个类质同像系列,以组分含量的50%为界,按二分法只分为两个矿物种。但有些类质同像系列的划分方案,是历史上早已广泛沿用的,例如斜长石系列的划分,一般仍予保留。

在矿物种之下,有时还再分出亚种(也称变种或异种)。亚种是指属于同一个种的矿物,但在次要的化学成分或物理性质、形态某一方面有较明显变异的矿物。如红宝石是含铬的刚玉亚种。按国际新矿物及矿物命名委员会的规定,亚种不应给予单独名称,应采用在种名前加上适当的形容词来称呼。但历史上早已广泛沿用的亚种的独立名称,一般也仍予保留。

3.1.3 矿物种的命名

每个矿物种都有一个独立的名称,其具体命名方法主要有以下几种:

1. 以化学成分命名

如自然金(Au)、锡石(SnO_2)。

2. 以物理性质命名

如橄榄石(颜色呈橄榄绿色)、电气石(具有显著的热电性)。

3. 以形态命名

如方柱石(晶形常呈四方柱状)、十字石(双晶常呈十字形或 X 形)。

4. 以产地命名

如香花石(首次发现于湖南临武香花岭)、高岭石(源于江西景德镇高岭)、蓟县矿(首次发现于天津蓟县)。

5. 以人名命名

如张衡矿(纪念东汉杰出的科学家张衡)。

此外,也有按其他命名的。如许多矿物采用混合命名,其中以晶系名或成分作为前缀者较为常见。

我国所使用的大量矿物名称,来源不一,但几乎所有矿物名称都以"石"、"矿"、"玉"、"晶"、"砂"、"华"、"矾"等字结尾。它们都是取自我国传统矿物名称的词尾。至于矿物的全名,有的是沿用我国固有的名称,如辰砂、方解石、雄黄等;有的是由我国学者首次发现而命名的,如香花石、蓟县矿等;有的是借用日文中的汉字名称,如绿帘石、黝铜矿等;更多的是从外文名称转译来的,其中大部分译名实际上是改用了化学成分或形态、物性加化学成分而重新命名的。

还有许多矿物名称,如长石、石榴石、辉石等,它们并不是矿物种的名称,而是包括了若干个类似的矿物种的统称。在矿物分类上,它们可以作为族名。

3.2

矿物中的水与矿物的化学式

3.2.1 矿物中水的存在形式

许多矿物都含有水,但水在矿物中的存在形式不同,可分为以下几种:

1. 吸附水

吸附水是指呈中性水分子 H_2O 的形式被机械地吸附于矿物颗粒表面或缝隙中的水。它不参与组成矿物的晶格,因而不属于矿物固有的化学成分。吸附水在矿物中的含量不定,随外界的湿度和温度等条件变化而变化。

2. 结晶水

结晶水也是以中性水分子 H_2O 的形式存在,但它参与组成矿物的晶格,占据晶体结构中固定的配位位置。水分子的数量也有一定,与矿物中其他组分的含量成简单的比例关系。

3. 化合水

化合水也称结构水,它不是中性水分子,而是以 $(OH)^-$ 或 H^+、$(H_3O)^+$ 离子的形式存在的"水",它参与组成晶格,在晶体结构中占据固定的配位位置。化合水也有确定的含量比,它在晶格中的结合强度,远比结晶水大。

4. 沸石水

沸石水是介于吸附水与结晶水之间的一种特殊类型的水,它以中性水分子 H_2O 的形式,主要存在于沸石族矿物晶格的空腔和通道中。在晶格中它占据确定的配位位置,含量有一上限值,此值与其他组分的含量成简单的比例关系。但是随外界温度升高或湿度减小,沸石水能够逐渐逸失,并不导致晶格的变化。失去部分水的沸石,在潮湿的环境中又能从外界吸收水分恢复到原来的状态。

5. 层间水

层间水也是介于吸附水与结晶水之间的一种水,它以中性水分子 H_2O 的形式,存在于某些层状结构的硅酸盐矿物晶格中的结构层之间。层间水的含量不定,常压下110℃便大部分逸出,在失水过程中,可使相邻结构层之间的距离变小,但不导致晶格的破坏。当处于潮湿环境中时,水分子又可重新进入矿物晶格的层间,并使结构层之间距离加大。

3.2.2 矿物的化学式

矿物化学式的表示方法有两种,即实验式和结构式。

1. 实验式

实验式仅表示出组成矿物的元素种类及其原子数之比。例如白云母的实验式即写成 $H_2KAl_3Si_3O_{12}$,或者按元素的简单氧化物组合形式写成 $K_2O \cdot 3Al_2O_3 \cdot 6SiO_2 \cdot 2H_2O$。

2. 结构式

结构式又称晶体化学式,除了能表示出组成元素的种类及其原子数之比以外,还能在一定程度上表示出原子在结构中的关系。例如白云母的结构式即写成 $KAl_2[AlSi_3O_{10}](OH)_2$。

结构式的书写规则及所代表的意义如下。

基本原则是阳离子在前,阴离子在后,如:

水晶　SiO_2　　　萤石　CaF_2

如果有络阴离子存在,则用方括号将络阴离子括起来,如:

方解石　$Ca[CO_3]$

绿柱石　$Be_3Al_2[Si_6O_{18}]$

绿柱石的络阴离子写成 $[Si_6O_{18}]$,而不写成 $[SiO_3]_6$,这是因为绿柱石晶体结构中,环状络阴离子的重复单位是 $[Si_6O_{18}]$,而不是 $[SiO_3]$。如果除络阴离子外,还有附加的其他阴离子,则将附加阴离子写在络阴离子之后,如:

氟磷灰石　$Ca_5[PO_4]_3F$

孔雀石　$Cu_2[CO_3](OH)_2$

成类质同像替代关系的元素,均写在同一个圆括号内,彼此之间用逗号分开,含量高者在前,低者在后,如:

橄榄石　$(Mg,Fe)_2[SiO_4]$

托帕石(矿物名称黄玉)　$Al_2[SiO_4](F,OH)_2$

但是像镁铝榴石 $Mg_3Al_2[SiO_4]_3$,就不可以写成 $(Mg,Al)_5[SiO_4]_3$,因为这两种阳离子不属于类质同像替代,它们有确定的比例。

吸附水不属于矿物固有的化学成分,在化学式中一般不予表示。但在水胶凝体矿物中,则必须予以反映,通常在化学式末尾用 $n\mathrm{H_2O}$ 写出,表示含量不定,并用圆点与其他组分隔开。如:

$$蛋白石\quad SiO_2 \cdot nH_2O$$

结晶水是矿物本身化学组成的固有组分之一,与其他组分间有确定的比例关系。在化学式中写在其他组分之后,并用圆点隔开,如:

$$绿松石\quad CuAl_6[PO_4]_4(OH)_8 \cdot 5H_2O$$

沸石水的含量以其上限值为准,写法同结晶水。层间水若其含量有确定的上限值,写法也同结晶水,否则写法同吸附水。

矿物的化学式是根据化学定量全分析数据,经过计算得出的,但这只是实验式。如果要写出矿物的结构式,还需根据已有的晶体结构知识和晶体化学原理,对各种元素的存在形式作出合理的判断,并进行适当的分配方可完成。

3.3
矿物的分类

3.3.1　矿物分类级序

目前已知的矿物有 4 000 多种。在矿物的分类体系中,矿物种是分类的基本单元。整个分类体系的级序依次为:

大类—类—(亚类)—族—(亚族)—种—(亚种)

以上分类体系的级序是公认的,但具体分类方案的根据或出发点,则因研究目的不同而异。有的根据化学成分,有的根据晶体化学,有的根据地球化学,有的根据成因,等等。这些分类方案,主要反映在族的划分上各具特色。

3.3.2　以晶体化学为基础的分类

下面介绍一般通用的以晶体化学为基础的矿物分类方案。本分类方案首先根据化学组成的基本类型,将矿物分为五个大类。大类以下,根据阴离子(包括络阴离子)的种类划分类以及亚类。类或亚类以下,即为族及亚族。

矿物族的概念一般是指化学组成类似并且晶体结构类型相同的一组矿物。但是为了便于说明某些矿物种之间的联系,有时也把某些同质多像变体,或者化学成分上近似但结构类型有一定差异的一组矿物,划归同一个族。有时为便于讲述,还将族再分为亚族。

以晶体化学为基础的分类(族和种从略)如下:

第一大类　自然元素矿物

第二大类　硫化物及其类似化合物矿物

　第一类　单硫化物及其类似化合物矿物

　第二类　对硫化物及其类似化合物矿物

　第三类　硫盐矿物

第三大类　卤化物矿物

　第一类　氟化物矿物

　第二类　氯化物矿物

第四大类　氧化物和氢氧化物矿物

　第一类　氧化物矿物

　第二类　氢氧化物矿物

第五大类　含氧盐矿物

　第一类　碳酸盐、硝酸盐、硼酸盐、砷酸盐、钒酸盐矿物

　第二类　磷酸盐、钨酸盐、硫酸盐、铬酸盐、钼酸盐矿物

　第三类　硅酸盐矿物

　　第一亚类　岛状结构硅酸盐矿物

　　第二亚类　环状结构硅酸盐矿物

　　第三亚类　链状结构硅酸盐矿物

　　第四亚类　层状结构硅酸盐矿物

　　第五亚类　架状结构硅酸盐矿物

3.4

矿物中的包裹体与矿物的假像

3.4.1　矿物中的包裹体

包裹体是指矿物在生长过程中或形成后,所捕获而包裹在矿物晶体内部的外

来物体。包裹体既可以是小颗粒的矿物晶体,也可以是气体、液体或非晶质固体。含有包裹体的晶体称为主晶。

根据包裹体被包裹时间的相对早晚,将包裹体分为三种:

1. 原生包裹体

原生包裹体是在主晶生长过程中被包裹而形成的包裹体。它们常平行于主晶的某些结晶方向,尤其是平行于主晶的某些晶面方向,成群分布。

2. 次生包裹体

次生包裹体是在主晶形成之后,由后期热液沿主晶的细微裂隙进入而引起主晶的局部溶解,并在局部再结晶过程中被包裹形成的包裹体。

3. 假次生包裹体

假次生包裹体是在主晶生长过程中,由于应力作用,使主晶产生微裂隙,导致成矿溶液进入,并在这些部位发生结晶,而主晶继续生长,将进入微裂隙中的物质包裹在主晶内所形成的包裹体。

假次生包裹体晚于有裂隙的主晶核部,早于主晶的边部。其进入主晶的方式和分布,与次生包裹体相同。

在观赏石中,包裹体的存在,往往更具观赏价值,有着化腐朽为神奇的作用,如景物水晶。

3.4.2 矿物的假像

矿物形成以后,当地质作用中的物理化学条件发生变化,超出矿物的稳定范围时,矿物就会发生相应的变化。所谓假像,是指一种矿物变成了另外一种矿物,而原来矿物的晶体形态仍被保留下来,这种晶体形态对于新生成的矿物来说称为假像。例如常可见到立方体黄铁矿受到风化作用而氧化形成褐铁矿,仍保留黄铁矿的立方体晶形,这种立方体晶形对于褐铁矿来说即是一种假像。再如石英 SiO_2 交代(即取代)辉锑矿 Sb_2S_3 并保留辉锑矿晶形,石英即具有辉锑矿的假像。

在同质多像转变过程中,例如由 β-石英转变为 α-石英并保留原来的六方双锥晶形,也就成为假像。由同质多像转变而形成的假像有时特别称之为副像。

矿物的集合体形态

矿物的形态有个体形态和集合体形态两种形式。个体形态是指单晶体的形态，也包括双晶形态在内。集合体形态是指由许多矿物个体集合在一起所构成的整体形态。作为观赏石，在这里仅介绍几种特殊形态的集合体。

3.5.1　放射状集合体

矿物单体呈长柱状、针状或纤维状，它们以一点为中心，向外呈放射状排列而成的集合体称为放射状集合体。例如红柱石的放射状集合体(见图 3-1)。

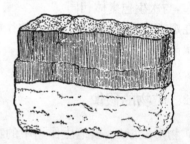

图 3-1　红柱石的放射状集合体　　　　图 3-2　石棉的平行纤维状集合体

3.5.2　平行纤维状集合体

一系列呈细长针状或纤维状的矿物单晶体，它们的延长方向相互平行密集排列所组成的集合体叫做平行纤维状集合体。例如石棉的平行纤维状集合体(见图 3-2)。

3.5.3　晶簇

在岩石的空洞或裂隙中，以洞壁或裂隙壁作为共同基底而生长的单晶体群所组成的集合体称为晶簇。它们一端固着在共同的基底上，另一端则自由生长发育成具有完好晶形的晶体。晶簇可以由同一种矿物组成,如常见的水晶晶簇(见图3-3),也可以由两种或多种不同的矿物组成,例如方解石-萤石晶簇。

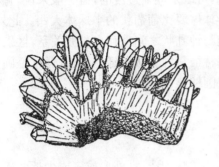
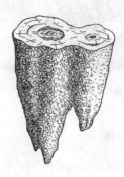

图3-3　水晶晶簇　　　　　　　　　图3-4　钟乳石

3.5.4　钟乳状集合体

钟乳状集合体是由同一基底向外逐层生长而形成的、呈圆锥形或圆柱形等形态的矿物集合体。其内部具有同心层状构造,或同时还具有放射状构造。有时中心可以是空心的。钟乳状集合体都生长在洞穴或裂隙之中,并从顶板下垂或从底板向上生长,通常是由胶体凝聚或真溶液蒸发逐层沉积而成。例如石灰岩溶洞中的钟乳石(见图3-4)。

3.5.5　葡萄状集合体和肾状集合体

葡萄状集合体和肾状集合体的成因、产状及构造特征均与钟乳状集合体类同。在空洞或裂隙中,由共同的基底逐层向外生长,内部具有同心层状构造和放射状构造,集合体形态呈许多相互连接的半球,状如一串葡萄者,称为葡萄状集合体(见图3-5)。葡萄石就是因为它常呈绿色葡萄状集合体产出而得名。如果集合体形态呈较大的半椭球体,状如一个个肾脏者,则称为肾状集合体(见图3-6),例如肾状赤铁矿。比葡萄状集合体

图3-5　葡萄状集合体

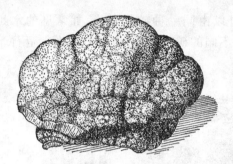

图 3-6　肾状集合体

形态略小,大小如豆者,称为豆状集合体。集合体形态大小如鱼卵者,称为鲕状集合体。葡萄状与肾状两者在外形上没有显著差别,可以是逐渐过渡的,但一般来说,肾状的半球体要比葡萄状的半球体大些。此外,它们与钟乳状之间也存在过渡关系,区别的主要特征是钟乳状者延伸较长,通常呈圆锥形或圆柱形。

3.5.6　晶腺和杏仁体

　　晶腺是指充填于岩石的空洞中,具有同心层状构造,且外形或多或少近似于球形的矿物集合体。大小一般在几厘米至几十厘米,其形成过程先沿空洞壁开始,逐层向中心沉淀堆积。中心经常留有空腔,若腔体内保存有液态水称为水胆;有时在腔体内长有细小晶簇。实心者,中心往往粒度略粗称为砂心。层与层之间在颜色上以至物质成分上,往往互有差异。某些胶体成因的矿物常具有这种形态,例如纹带状玛瑙就是典型的例子。

　　杏仁体是指充填于火山岩气孔中的次生矿物(如方解石、葡萄石、石英或玉髓等)所形成的集合体。大小通常在 1 厘米以下,形状呈扁球形,如同杏仁一般。杏仁体的形成过程类似于晶腺,先沿气孔壁开始,逐层向中心沉淀,大都形成实心,例如梅花玉(岩石学上称为杏仁状安山岩)。

3.6

矿物的力学性质

3.6.1　解理、裂理和断口

1. 解理

　　晶体在受到外力打击时,总是沿着内部格子构造中一定方向的面网发生破裂,这种固有的性质称为解理。沿解理所裂成的平面称为解理面。

　　矿物学上将解理按发育程度分为五级:极完全解理、完全解理、中等解理、不完全解理和极不完全解理。极不完全解理,肉眼一般看不到解理面,通常就认为是无解理。

解理的发育程度,或者说解理面的完好程度,只是一个定性的描述,划分越细,越难掌握和统一。对于观赏石,可把极完全解理并入完全解理,把极不完全解理作为无解理看待,按三级划分如下:

(1) 完全解理。晶体受力后,易沿解理面裂开,解理面较平整光滑。如萤石的$\{111\}$八面体解理、方解石的$\{10\bar{1}1\}$菱面体解理等。

(2) 中等解理。晶体受力后,常沿解理面裂开,解理面清楚、明显,但不太平滑。如石膏的$\{100\}$和$\{011\}$解理。

(3) 不完全解理。晶体受力后,沿解理面裂开较困难,解理面不明显,断续可见,平滑程度差。如绿柱石的$\{0001\}$解理。

2. 裂理(也称裂开)

晶体在受到外力打击时,有时可沿内部格子构造中,除解理以外的特定方向的面网,发生破裂的非固有特性,称为裂理。沿裂理裂开的面,称为裂理面。

裂理与解理在现象上极为相似,且都是沿面网方向产生,但它们产生的原因则不相同。解理是沿晶格中面网之间结合力最弱或较弱的平面产生的定向破裂,是晶体结构所固有的特性。裂理则是由晶体结构非固有的其他原因引起的定向破裂,主要是由于晶格中一定方向的面网上,分布有他种物质的夹层,以及双晶的接合面等原因产生的。解理与裂理的异同点见表3-1。

表 3-1   解理与裂理的异同点

	产生方向	产生概率	与晶格关系	产　生　原　因
解理	沿面网方向	总　是	本身固有	面网间结合力最弱或较弱
裂理	沿面网方向	有　时	非本身固有	他种物质夹层,双晶接合面等

3. 断口

在外力打击下,矿物不依一定结晶方向发生断裂而形成的断开面。断口既可出现在单晶体上,也可出现在集合体上。不过,在具有几个方向解理的单晶体上,一般都沿解理面破裂,仅偶尔出现断口。断口的形态往往有一定的特点,矿物中常见的断口主要有以下几种:

(1) 贝壳状断口。呈椭圆形曲面,且具有以受力点为圆心的同心圆波纹,与贝壳表面极为相似。如水晶的断口(见图3-7)。

(2) 参差状断口。断面粗糙起伏,参差不

图 3-7   水晶的贝壳状断口

平。许多矿物都具有这种断口。

（3）阶梯状断口。由解理面和参差状断口反复交替出现所形成,呈阶梯状。例如长石的断口。

（4）平坦状断口。断面较平坦,一些呈隐晶质块状的集合体,常具这种断口。

3.6.2 硬度

硬度(符号 H)是指物体抵抗外来机械作用力的强度。根据机械作用力性质的不同,将硬度划分为刻划硬度、压入硬度和研磨硬度三种。这里仅介绍刻划硬度即摩氏硬度一种。

摩氏硬度(符号 HM)是以十种具有不同硬度的矿物作为标准,构成摩氏硬度计(见表3-2)。从软到硬依次定为1到10,十个等级。

表3-2　摩氏硬度计

标准矿物	滑石	石膏	方解石	萤石	磷灰石	正长石	石英(水晶)	黄玉	刚玉(红宝石)	金刚石(钻石)
硬度	1	2	3	4	5	6	7	8	9	10

摩氏硬度计是19世纪德国矿物学家摩斯建立的,十种标准矿物的硬度排序,仅表示硬度的相对大小,各等级间的级差并非均等,也就是说硬度从1到10不是等间距分布的,故摩氏硬度是相对硬度。

测定矿物的摩氏硬度方法简便,通过与摩氏硬度计中的标准矿物相比较即可确定。例如绿柱石可以刻伤石英,但不能刻伤黄玉,却能被黄玉所刻伤,因而绿柱石的摩氏硬度为7~8之间。

通常还可以利用一些其他工具,作为辅助标准进行测定。可利用的辅助标准,如指甲硬度2~2.5,铜钥匙硬度3,小钢刀硬度5~5.5,玻璃硬度约6,钢锉硬度6.5~7。

测定矿物的摩氏硬度时,要注意选择未受风化的新鲜面进行测定,因为受到风化的矿物往往硬度偏低。此外,当用较软的矿物刻划硬度较高的矿物时,会在硬的矿物上留下软矿物的粉末,不要误认为是刻痕。

3.6.3 韧性和脆性

韧性和脆性是一个问题的两个方面,它们都是指矿物在外力作用下抵抗机械形变和碎裂的能力。不易碎裂的性质称为韧性;易于碎裂,即在无显著形变的情况下,突然发生碎裂的性质称为脆性。韧性大,则脆性小,反之,韧性小,则脆性大。

韧性与硬度不成正比关系,也无内在联系。硬度大,不一定韧性就大;硬度小,也不一定韧性就小。例如黄玉的硬度为8,石英(水晶)的硬度为7,而石英(水晶)的韧性为7.5,黄玉的韧性只有5。再如长石的硬度为6,比黄玉低,但长石的韧性为5,与黄玉的韧性相同。

3.6.4 密度

密度(符号 ρ)是指单位体积物质的质量,即物质的质量与它的体积之比,计量单位以 g/cm^3 表示。

我们以前用的比重,其数值与密度数值相等。根据《中华人民共和国计量法》,已将比重和重量废除,改用密度和质量。密度的计算公式如下:

$$\rho_{样} = \frac{m}{m - m_1} \times \rho_{液}$$

式中　$\rho_{样}$——样品密度,单位 g/cm^3;

$\quad\quad m$——空气中称取的样品质量,单位 g;

$\quad\quad m_1$——液体中称取的样品质量,单位 g;

$\quad\quad \rho_{液}$——测定时所用液体在室温下的密度,单位 g/cm^3。

矿物的密度变化范围很大,在矿物的肉眼鉴定工作中,通常是凭经验用手掂量。透明矿物的密度大多数在 $4.0\ g/cm^3$ 以下,不透明矿物的密度基本上都大于 $4.0\ g/cm^3$。矿物密度的大小,取决于其化学组成和晶体结构中质点堆积的紧密程度。组成矿物的化学元素的原子质量越大,单位体积内堆积的原子个数越多,矿物的密度就越大。反之,矿物的密度就越小。

3.7
矿物的光学性质

3.7.1 颜色

颜色是一定波长的可见光进入人的眼睛产生的视觉效果。白光由红、橙、黄、绿、蓝、靛、紫七种不同波长的色光组成。人们看到的矿物的颜色,是矿物对白光中不同波长的色光选择性吸收的结果。当白光照射到矿物上时,某一波段或某些波段的色光被矿物吸收,剩余没有被吸收的透射和反射光的混合色,就是矿物所呈现的颜色。如果矿物对白光的吸收没有选择性,则矿物呈无色、白色或不同浓度的灰色。

此外,物理光学效应(如光的衍射、干涉等)也可使矿物产生颜色,这种由物理光学作用产生的颜色,与矿物对光的选择性吸收无关。

矿物学上,将矿物颜色的成因类型分为自色、他色和假色三种。在自色和他色矿物中,致色元素主要为钛、钒、铬、锰、铁、钴、镍、铜八个过渡金属元素,它们的离子可导致矿物呈色,所以称它们为色素离子。

1. 自色

在成因上与矿物自身的固有化学成分直接有关的颜色,称为自色。例如孔雀石的化学成分为 $Cu_2[CO_3](OH)_2$,其颜色是由固有化学成分铜离子(Cu^{2+})所引起的,故孔雀石为自色矿物。

对于一种矿物来说,自色是相当固定的,且具有自己的颜色特征,因而成为鉴定自色矿物的重要依据。

2. 他色

由矿物自身非固有的其他因素所引起的颜色,称为他色。他色可以由类质同像替代进入晶格的微量杂质元素所产生,如红宝石的红色,就是由于铬离子(Cr^{3+})替代刚玉(Al_2O_3)中的铝离子(Al^{3+})引起的。他色也可以因矿物中含有带颜色的包裹体或有色杂质的细微机械混入物而产生,如有的红色方解石,就是因为含有微粒状或尘埃状的赤铁矿(Fe_2O_3)而致色的。此外,当矿物晶格中存在特定类型的晶格缺陷(色心)时,也会产生他色。

对于一种矿物来说,他色是不固定的,随所含杂质的不同而变化。也正是这样,他色使得矿物的颜色丰富多彩。自然界大部分矿物的颜色都属于他色。

3. 假色

由于光的衍射、干涉等物理光学作用使矿物所产生的颜色,称为假色。如水晶、方解石等无色透明的晶体,因为内部存在微裂隙而构成劈尖,使入射光发生干涉,形成彩虹般的晕彩色,这种颜色,就属于假色。

对于观赏石,如果我们将其颜色说成是他色或假色,极易造成误解。所以无论是自色、他色还是假色,只要是观赏石本身自带的颜色,而非人工方法改色,可统称为天然色。

3.7.2 多色性

高级晶族等轴晶系的矿物都是光性均质体,简称均质体。光在均质体中传播时不发生双折射,只有一个折射率,因此均质体有色矿物没有多色性。中级晶族和低级晶族的矿物都是光性非均质体,简称非均质体。光在非均质体中传播时发生双折射,所以非均质体有色矿物具有多色性。中级晶族包括六方晶系、四方晶系和三方晶系的矿物为一轴晶,对应于一轴晶的两个主折射率有两种主要颜色。低级晶族包括斜方晶系、单斜晶系和三斜晶系的矿物为二轴晶,对应于二轴晶的三个主折射率有三种主要颜色。

这里应当指出的是:观察多色性通常需借助仪器,如借助二色镜观察。此外,在平行光轴的方向上是观察不到多色性的,因为光平行于光轴方向入射不发生双折射。

3.7.3　透明度

矿物的透明度是指矿物允许可见光透过的程度。在矿物的肉眼鉴定工作中,通常将矿物的透明度粗略地分为如下三级:

1. 透明

能允许绝大部分光线透过,隔着1 cm厚的透明矿物观察其后面的物体,物体轮廓的细节清晰可见。例如透石膏、冰洲石、水晶等。

2. 半透明

能允许部分光线透过,隔着1 cm厚或更薄一些的半透明矿物观察其后面的物体,仅能见到物体轮廓的阴影。例如,浅色闪锌矿、辰砂等。

3. 不透明

基本上没有光线透过,隔着不透明矿物的薄片观察,完全看不到其后面的物体。例如黄铁矿、辉锑矿等。

不同的矿物之所以会表现出不同的透明度,是因为它们对光线的反射和吸收程度不同。通常对光线吸收越强的矿物,其反射也越强,而透过的光线则越少,矿物的透明度就越低,以至不透明。

这里应当注意的是,即使透明矿物,如果含有大量的包裹体,或具有大量裂隙,以及表面不光滑等,也会使透明度降低。

3.7.4　光泽

矿物的光泽,是指矿物表面对可见光反射能力大小所表现出来的明亮程度或特征。

光泽只是一种定性的描述,不宜划分过细,在矿物的肉眼鉴定工作中,通常将光泽由强到弱分为以下几种：

(1) 金属光泽。反射强，呈金属表面那样的反光。具有金属光泽的矿物都是不透明矿物。例如黄铁矿、辉钼矿等。

(2) 半金属光泽。反射较强，其反射强度弱于金属光泽。具有半金属光泽的矿物如某些金属氧化物磁铁矿、黑钨矿、铬铁矿等。

(3) 金刚光泽。反射较强，呈金刚石那样灿烂的反光。具有金刚光泽的矿物，主要是一些折射率高的透明、半透明矿物。例如辰砂、锡石、金红石等。

有人将略低于金刚光泽的称为亚金刚光泽。

(4) 玻璃光泽。反射相对较弱，呈玻璃表面那样的反光。具有玻璃光泽的矿物主要是一些折射率中等至低的透明、半透明矿物。例如水晶、绿柱石、方解石等。

由于光泽取决于矿物表面对光的反射能力，因此，矿物表面的光滑、洁净程度必然会影响到反射光的强弱。上述几种光泽是指在平坦新鲜的晶面、解理面或磨光面上的光泽。

当矿物表面不平坦或成集合体时，常会呈现一些特殊的光泽，主要有以下几种。

(1) 油脂光泽。指矿物表面像涂了一层油脂似的光泽。一些颜色很浅的矿物或集合体，如水晶的断面、石英岩、羊脂白玉等，即具有油脂光泽。

(2) 树脂(松脂)光泽。指像树脂表面那样的光泽。一些颜色稍深、特别是呈黄棕色的矿物，如浅色闪锌矿、松脂岩等，具有树脂光泽。

(3) 丝绢光泽。指像蚕丝那样的光泽。无色或浅色透明矿物的纤维状集合体，如纤维石膏、石棉等，即具有丝绢光泽。

(4) 珍珠光泽。指像珍珠表面那样柔和而多彩的光泽。珍珠光泽主要出现在一些解理发育的浅色透明矿物的表面，例如透石膏常具有珍珠光泽。

(5) 蜡状光泽。指像蜡烛表面那样的光泽。蜡状光泽要比油脂光泽暗一些，多出现在透明矿物的隐晶质致密块体上，例如鸡血石、绿松石等，即具有蜡状光泽。

(6) 土状光泽。即光泽暗淡，或者说无光泽，就像土块那样。

3.7.5 发光性

发光性是指矿物在外来能量的激发下，能发出可见光的性质。这种发光属于冷发光，不包括在白炽状态下的发光现象。

矿物发光分为荧光和磷光两种。如果在激发状态下能发出可见光，当激发作用一旦停止，发光现象立即消失，这种发光现象称为荧光；如果在激发作用停止后，仍能在一定时间内继续发光，这种发光现象称为磷光。

对于观赏石来说,有意义、有价值的是磷光。长期以来,夜明珠一直是我国宝石界的一个谜案。20 世纪 90 年代以来,先后见有两例关于夜明石的报道:一例是能发磷光的磷灰石;另一例是 2000 年在新疆富蕴县发现的能发磷光的萤石,这块萤石的质量达 8.6 kg,夜间在 15 米以外可看到强烈的发光。自 1997 年以来,在新疆已发现多块能发光的萤石。

这里应当指出的是,并非所有的磷灰石和萤石都能够发磷光,能发磷光的只是极少数,非常罕见。

观赏石中的造型石、纹理石、图案石、特色玉石、陨石、火山弹等，都属于岩石类观赏石，且品种和数量较多，故有必要介绍一些岩石的基本知识。

4.1
岩石的概念、结构和构造

4.1.1 岩石的概念

地质学上的岩石，也就是人们俗称的石头，但两者又不完全相同，如煤，在一般人看来，它不属于石头，而在地质学上，煤属于岩石，是沉积岩的一种，被称为煤岩或可燃有机岩。

岩石是指由地质作用形成的，具有一定结构、构造的矿物集合体（少数为非晶质体），是组成地壳的固态物质。

岩石和矿石是人为划分的，它们都是矿物的集合体。当岩石中所含的有用矿物或可被利用的元素达到了工业品位要求，且能被开采利用，便是矿石。随着科学技术的进步和矿产资源的减少，现在的岩石，将来可能成为矿石。对于那些具有观赏性的石体，无论岩石还是矿石，都远不如用作观赏石经济价值高。

自然界中的岩石种类繁多，按成因可分为岩浆岩、沉积岩和变质岩三大类。

4.1.2 岩石的结构和构造

研究岩石类观赏石，一方面要认识岩石的物质成分；另一方面还要了解岩石的构成方式，即这些物质成分是怎样构成岩石的。结构和构造就反映了岩石构成方式上的特征。

1. 岩石的结构

结构是指岩石中物质成分的结晶程度、矿物颗粒大小、形状以及彼此间的相互关系。岩石的结构种类非常多,例如他形细粒结构、球粒结构、隐晶质结构、粒状变晶结构、碎裂结构,等等。

2. 岩石的构造

构造是指岩石中矿物的排列方式及空间分布。岩石的构造种类也是非常之多,如块状构造、杏仁状构造、层状构造、条带状构造、同心层状构造、角砾状构造、皮壳状构造、斑杂状构造,等等。

4.2

岩 浆 岩

4.2.1 岩浆岩的概念

岩浆岩(也称火成岩)是指由岩浆冷凝固结后形成的岩石。

根据岩浆冷凝固结时所处的地质环境(即产状),可将岩浆岩分为深成岩、浅成岩和喷出岩。

岩浆向上侵入地壳,在地下深处冷凝固结形成的岩石,称为深成岩;岩浆侵入到地壳上部,在近地表处冷凝固结形成的岩石,称为浅成岩;岩浆喷出地表后,冷凝固结形成的岩石,称为喷出岩(也称火山熔岩)。深成岩和浅成岩习惯上统称为侵入岩。

4.2.2 岩浆岩的化学成分分类

首先根据岩浆岩中 SiO_2 的含量,将岩浆岩分为四类:超基性岩($SiO_2 < 45\%$)、基性岩($SiO_2\ 45\% \sim 52\%$)、中性岩($SiO_2\ 52\% \sim 65\%$)、酸性岩($SiO_2 > 65\%$)。其次考虑岩浆岩中 $K_2O + Na_2O$ 的含量,即碱度,再划分为钙碱性、弱碱性和碱性等系列。

4.2.3 岩浆岩的代表性岩类

岩浆岩的代表性岩类如下(各岩类按深成岩、浅成岩、喷出岩的顺序列出;弱碱性和碱性系列未列出)。

　　超基性岩类:橄榄岩——苦橄玢岩——苦橄岩。

　　基性岩类:辉长岩——辉绿岩——玄武岩。

　　中性岩类:闪长岩——闪长玢岩——安山岩。

　　酸性岩类:花岗岩——花岗斑岩——流纹岩。

　　此外,还有一类岩浆岩常呈脉状或岩墙状产出,称它们为脉岩。脉岩包括煌斑岩、细晶岩和伟晶岩等。

4.3

沉 积 岩

4.3.1　沉积岩的概念

　　沉积岩是指在地壳表层常温常压条件下,由原岩(可以是岩浆岩和变质岩,也可以是早先形成的沉积岩)的风化产物(包括碎屑物质及真溶液、胶体溶液中的物质)、火山碎屑物质、有机物质及少量宇宙物质,经搬运、沉积和成岩等一系列地质作用而形成的层状岩石。

　　沉积岩中的矿物大体上可分为两类。一类是原来岩石中的矿物,作为碎屑物而成为沉积岩的矿物成分,如砂岩中的石英砂粒;另一类是在沉积或成岩作用过程中新生成的矿物,如化学沉积的碳酸盐矿物,某些氧化物或氢氧化物矿物等。

　　应当指出的是,未成岩的土壤及沙子、砾石,不属于沉积岩之列,它们被称为第四纪沉积物(第四纪是地质历史上最晚的一个时期,大约始于两百万年前)。其中的沙粒和砾石可以是矿物晶体碎屑,也可以是岩浆岩、变质岩、沉积岩的碎屑。

　　沉积岩和第四纪沉积物中有不少观赏石,例如太湖石、灵璧石、英石、昆山石、雨花石、三峡石,等等。

4.3.2　沉积岩的分类及主要岩石类别

　　根据沉积岩的物质来源,可将沉积岩分为三类:火山碎屑岩、陆源沉积岩和内源沉积岩。

1. 火山碎屑岩类

按碎屑的粒径大小,可分为火山集块岩($>64\,mm$)、火山角砾岩($64\sim2\,mm$)、凝灰岩($<2\,mm$)。

2. 陆源沉积岩类

按碎屑(或矿物)的粒径大小,可分为(角)砾岩($>2\,mm$)、砂岩($2\sim0.1\,mm$)、粉砂岩($0.1\sim0.01\,mm$)、泥质岩或页岩($<0.01\,mm$)。

3. 内源沉积岩类

可分为蒸发岩、非蒸发岩和可燃有机岩。

蒸发岩是由卤水蒸发作用形成的,如石盐岩、石膏岩、钾镁质盐岩等。

非蒸发岩包括的岩石类别较多,如石灰岩、白云岩、硅质岩、铁质岩、磷质岩、锰质岩、铜质岩、铝质岩、沸石质岩等。

可燃有机岩主要指煤和油页岩。

4.4

变 质 岩

4.4.1 变质岩的概念

在地壳发展过程中,由于地球内动力作用,引起物理、化学条件的改变,使原来已存在的各种岩石,发生变化而形成的具有新的矿物组合及结构、构造的岩石称为变质岩。

4.4.2 变质作用及类型

使原来岩石发生变质形成新的岩石的地质作用,称为变质作用。引起岩石发生变质的因素,主要是温度、压力及具有化学活动性的流体。

根据变质作用的成因及起主导作用的因素,一般将变质作用分为以下几个类型。

1. 接触变质作用

由岩浆散发的热量和析出的气态或液态溶液引起的变质作用。可分为:

(1)热接触变质作用。以热力(温度)影响为主。

(2)接触交代变质作用。除热力外,还伴有气态或液态溶液引起的交代作用,使原岩的化学成分、矿物组合发生显著的改变。

2. 动力变质作用（又称碎裂变质作用）

由构造运动产生的定向压力引起的变质作用。主要表现为原岩发生破碎、变形和重结晶。

3. 气化－热液（总称热液）变质作用

主要是具有化学活动性的流体对岩石进行交代而发生变质，不仅使原岩中的矿物发生变化，而且伴有物质成分的带入和带出。

4. 区域变质作用

在大的范围内，由温度、压力和具有化学活动性的流体综合作用而发生的变质。

5. 混合岩化作用

在区域变质作用的基础上，地壳内部热流继续升高，使深部热液和局部重熔熔浆渗透、交代，贯入于变质岩中形成混合岩的一种作用。

4.4.3　变质岩的分类及主要岩石类别

根据变质作用类型的不同，相应地将变质岩分为如下五类。每一类中都包含有许许多多的具体岩石种类，这里仅列出基本岩石名称。

1. 接触变质岩类

分为热接触变质岩类和接触交代变质岩类。

（1）热接触变质岩类。包括斑点板岩、角岩、接触片岩或接触片麻岩、大理岩、石英岩等。

（2）接触交代变质岩类。最主要最常见的是矽卡岩，其中又可分为钙质矽卡岩和镁质矽卡岩。

2. 动力变质岩类

包括构造角砾岩、压碎岩、糜棱岩、玻状岩、构造片状岩等。

3. 交代蚀变岩类

该类岩石是气化－热液对原岩进行交代而形成的，其类型繁多，常见的就达二三十种，如蛇纹石化及相关岩石、云英岩化及相关岩石、黄铁矿化及相关岩石、萤石化及相关岩石、绿泥石化及相关岩石，等等。

4. 区域变质岩类

区域变质岩类是变质岩中分布最广的一类岩石，包括板岩、千枚岩、片岩、片麻岩、长英质粒岩、角闪质岩、麻粒岩、榴辉岩、大理岩等。

5. 混合岩类

包括注入混合岩、混合片麻岩、混合花岗岩等。

　　以上所给出的岩浆岩、沉积岩和变质岩的岩石名称,大都不是具体岩石种属的名称,多为类别(大类和小类)的名称,每一个类别中都包含着若干个具体种属,这里不再一一介绍。

概　述

在我国,观赏石有着悠久的历史和丰富的文化内涵,历史上也曾有过不少名石和赏石名人。然而,长期以来,却忽视了矿物晶体类观赏石,只是从20世纪80年代起,这类观赏石才为国内赏石界所关注。在此之前,虽然一些地质博物馆或陈列室,也收藏了部分难得的矿物晶体标本,但仍有许多珍贵的矿物晶体,被当作一般矿石开采利用,非常可惜。

将千姿百态的矿物晶体作为观赏石,其价值要比作为一般矿石的价值高得多。矿物晶体类观赏石在国际市场上十分畅销,深受西方国家的博物馆和收藏者推崇。因此,我们理应将矿物晶体当作特殊的矿产资源——天然艺术品,很好地开发利用,进一步开拓、繁荣国内的观赏石市场。

5

矿物晶体
类观赏石

5.1.1　本类观赏石应具备的条件

作为观赏石的矿物晶体,不同于一般的矿物标本,即使与矿物珍品也有所区别。供人们观赏的矿物晶体应具备如下条件:

1. 美观

美观是第一位的,不美的东西也就没有了观赏价值。这里的美观,也不完全同于单晶体宝石的美观,单晶体宝石多被切磨加工成刻面宝石,其晶体形态是否美观并不重要。而用来观赏的矿物晶体,最为重要的是晶体(包括双晶、平行连晶和晶簇)的形态美和颜色美,或无色透明、纯净如水,或含有特殊类型的包裹体,如发晶、水胆等。

2. 稀少

物以稀为贵。自然界产出的所有矿物全都是晶体,但是能够作为观赏石的非常少。就拿较为常见的具有观赏价值的天然水晶(石英)来说,相对于约占大陆地壳11%的石英,水晶也只是石英矿物中很少的一部分。这里讲的稀少主要有以下三种情况:一是有些矿物在自然界产出的数量少;二是有些矿物在自然界并非很少,但通常都呈隐晶质或细微粒状集合体产出,极少有较粗大的晶体;三是有些矿物在自然界很常见,粗大晶体也不少,只是能够作为观赏石的并不多。

3. 无害

用来观赏的矿物晶体,不能含有会对人体造成伤害的放射性元素。作为矿物标本可以收藏、陈列一些含有放射性元素的矿物,如晶质铀矿(UO_2)、钍石($Th[SiO_4]$)等。《矿物珍品》(郭克毅主编)中,也包括非常漂亮的铜铀云母($Cu[UO_2]_2[PO_4]_2 \cdot 12H_2O$)和钙铀云母($Ca[UO_2]_2[PO_4]_2 \cdot 10H_2O$)。但这些具有放射性的矿物,无论其晶体多么美观、颜色多么漂亮,绝对不可以作为观赏石,因为它们会对人体造成伤害。此外,还有一些矿物,虽然它们的主要化学成分并不是放射性元素,但是常含有少量或微量的放射性元素,例如锆石$Zr[SiO_4]$,就常含有 U、Th 等,若将其作为观赏石,则应作必要的检测。

4. 粒度应适于肉眼观察

作为观赏石的矿物晶体,其粒度下限(即最小颗粒)应适于肉眼观察。有些矿物晶体,无论晶形、颜色,还是透明度,都无可挑剔,就是粒度太小,需借助放大镜或显微镜方能观赏,也不适合作为观赏石。

除上述四个条件外,对观赏石的硬度大小、韧性好坏、是否耐久,都没有太多要求,因为观赏石只是供人们观赏,不像宝石那样被加工成首饰供人们佩带。

5.1.2 品质优劣评价

矿物晶体类观赏石的品质优劣及价值,可综合以下几个主要方面进行评价。

1. 晶体形态及晶簇的矿物组合

矿物的结晶习性受晶体内部结构的制约。属于不同晶系、不同对称型的矿物,晶体形态不一样,就是同一种矿物,往往也会有几种甚至十几种不同的晶体形态,因此,晶体形态多种多样,千姿百态。就某一种矿物而言,越是罕见的晶形,价值越高。

标准完美的晶形固然使人喜爱,但是由于自然界条件复杂,绝大多数晶体都长成不同程度偏离本身理想晶形的歪晶,如本应为立方体的黄铁矿,却长成了长方体,对此不必苛求,只要看上去美观就可以了。有的歪晶歪得出奇,难得一见,反而使人爱不释手,价值更高。如果是平行连晶或双晶,尤其是那些形态奇特美观的平行连晶或双晶,更具观赏性。

对于晶簇,不仅要看组成晶簇的晶体大小和个数多少,晶体的分布是否疏密得当、错落有致,整体形态是否奇特,是否具有美好的寓意,还要看晶簇的矿物组合。由色泽不同、晶形各异的多种矿物组成的晶簇,其观赏性和价值要高于由单一矿物组成的晶簇。这不仅是因为多种矿物组成的晶簇绚丽多姿,而且通过这些矿物的共生(或伴生)关系,可以帮助鉴别矿物,了解其形成作用过程和地质环境。有时还可以赋予样品美好的寓意,如一块由乳白色水晶和黄铁矿组成的晶簇,水晶直径约 1 cm,长 3～5 cm;黄铁矿呈立方体,粒径1 cm 左右。许多晶体黄、白相间分布,晶簇的整体形态犹如一座山峰,取名"金银山"。

2. 样品的完整性

样品的完整性包括以下三个方面:

(1)晶体在自然界自发地长成规则几何多面体外形的程度。一个完整的晶体,应当全部由天然晶面封闭自身,至少应当是除晶体与岩石基底相接触的部位外,其他部位应由几个至十几个天然晶面所封闭,而不是块状矿石或岩石中仅发育有一两个天然晶面甚至无天然晶面的晶体。

(2)在晶体形成之后,是否受到过地质作用或人为造成的机械损伤,即晶面、晶棱保持完好的程度。一个完整的晶体,其晶面、晶棱不应有机械破损,至少不应有明显的机械破损。

(3)样品是否带有岩石底座。绝大多数晶体,尤其是晶簇,都附着在岩石基底上生长,在与岩石基底相接触的部位,往往不可能形成完整的天然晶面。此时应当连同岩石基底一并采集,使样品带有一个岩石底座,这样不但弥补了晶体自身的缺陷,而且成了一件十分完整的观赏石。这一点非常重要,一件没有岩石底座的矿物晶体或晶簇,其价值往往大打折扣。

关于晶体的完整性,还需要说明的是,歪晶上属于同一单形的晶面大小不等、形状不同,或者聚形晶体上某一单形的部分晶面,被另一单形的晶面所淹没,造成部分晶面缺失,这些都属于晶形不标准,不属于不完整。晶面上的细小凹坑(即蚀像)和凸起(即生长丘),也不属于机械破损。

3. 颜色与透明度

颜色也是一个重要方面,人们大都喜欢那些色彩鲜艳的矿物晶体,如辰砂的鲜红色,紫水晶的紫色,绿柱石的绿色、红色和金黄色,等等。同一种颜色出现在不同的矿物晶体上,其价值也不一样,例如绿色萤石和绿色水晶,此时就要看绿色在这两种矿物晶体上出现的概率,绿色是萤石的常见颜色,而绿色的水晶,非常少见,故绿色水晶尤显珍贵。有的矿物晶体,在同一个晶体上呈现两种不同的颜色,如双色碧玺,一端为黄绿色,另一端为粉红色,其价值要高于单一颜色的碧玺。

颜色鲜艳、透明度又好的矿物晶体,在自然界并不多见,颜色过深会影响透明度。

有些无色的矿物晶体,透明度非常好,例如透明如水的冰洲石、透石膏等,也是人们喜欢的品种。

4. 晶体大小

一般说来,晶体越粗大,其观赏价值越高,越显珍贵。但是对不同的矿物品种,还要视具体情况区别对待,因为自然界中不同品种的矿物晶体,大小悬殊。例如产自江苏东海县的"中国水晶王",长 1.7 米,质量 3.5 吨(世界上最大的水晶长 5.5 米,直径 2.5 米,质量达 40 多吨)。而产自贵州铜仁的"辰砂王"只有 237 克,却是世界之最。

5. 奇特的包裹体

矿物晶体中的许多包裹体,由于不具特色,分布杂乱,而成为瑕疵。但也有不少包裹体如水胆、发状金红石及自然金、辰砂、雄黄等,反而使样品更具观赏性。还有一些包裹体,在晶体中的分布可构成一幅奇特的图案,例如一块水晶中的包裹体,构成的图案恰似一座山,山下犹如一片草场和牛羊,取名为"山野牧场",是难得的珍品。

6. 光泽

用于观赏的矿物晶体,光泽越强,看上去越明亮。光泽的强弱,也对样品的观赏价值有影响。金属光泽优于半金属光泽,金刚光泽优于玻璃光泽,而那些暗淡的土状光泽是不受欢迎的。应当注意的是,有些金属光泽和金刚光泽的矿物,由于晶体表面受到氧化,或受生成时的地质环境影响,其光泽会显得暗淡。

7. 特殊光学性质

特殊光学性质主要是指矿物晶体所具有的发光性或变色效应。这里所说的发光性,不包括物质在白炽状态下的发光现象,也不包括荧光现象,单指磷光。例如能发磷光的萤石,夜间可看到萤石发出明亮的磷光,被称为"夜明石"。变色效应是指矿物晶体在日光和白炽灯光两种不同光源照射下,呈现两种不同颜色的现象。例如有的钙铁榴石,在日光下呈黄绿色,在白炽灯下呈深亮红色。具有特殊光学性质的矿物晶体,是不可多得的观赏石珍品。

5.2

水 晶 （石 英）

结晶较好的透明石英晶体称为水晶（Rock Crystal）。石英包括一系列同质多像变体，有 α-石英（低温，三方晶系）、β-石英（高温，六方晶系）、α-鳞石英（低温，四方晶系）、$β_1$-鳞石英（中温，六方晶系）、$β_2$-鳞石英（高温，六方晶系）、α-方石英（低温，四方晶系）、β-方石英（高温，等轴晶系）、柯石英（单斜晶系）、斯石英（四方晶系）等。其中 α-石英在自然界分布最广泛、最常见，是许多岩浆岩（也称火成岩）、沉积岩和变质岩的主要矿物成分，我们通常所讲的水晶都是 α-石英的透明晶体，在常压和573℃以下稳定。

5.2.1 基本特征

1. 化学成分

水晶属于氧化物矿物，其化学式为 SiO_2，成分中常含有微量的 Fe、Ti、Mn 等元素。

2. 晶系和晶体形态

三方晶系，晶体多呈六方柱与菱面体所组成的聚形，柱面上常具有横向晶面条纹。有时还出现三方双锥和三方偏方面体单形的小面。晶体有左形晶和右形晶之分（见图5-1），识别标志是：三方偏方面体的小面（图中符号 x）位于柱面的左上角为左形晶，位于柱面的右上角为右形晶。相对于其他矿物，水晶常见，也常呈晶簇状产出（见图3-3）。

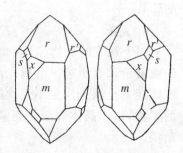

图5-1 水晶的左形晶（左）和右形晶（右）

3. 双晶类型

水晶最常见的双晶是道芬双晶和巴西双晶（见图5-2），偶尔也见有日本双晶（见图5-3）。

道芬双晶以 c 轴为双晶轴，由两个左形晶或两个右形晶组成。巴西双晶以(11$\bar{2}$0)为双晶面，由一个左形晶和一个右形晶组成。这两种双晶都属于贯穿双晶，

	道 芬 双 晶	巴 西 双 晶
x 面的分布	绕 c 轴相隔 60°出现，皆左或皆右 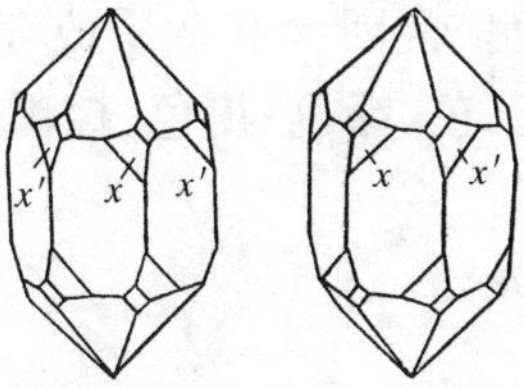	一左一右成左右反映对称分布 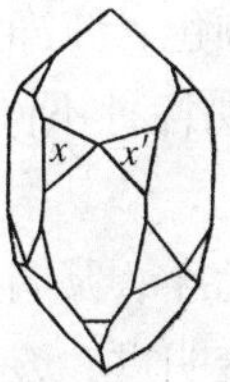
双晶缝的特点	晶面条纹不连续，双晶缝弯曲 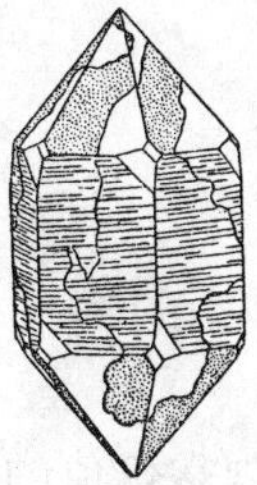	晶面条纹不连续，双晶缝较直 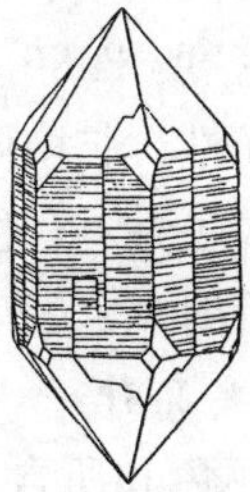
蚀象	弯曲岛屿状花纹 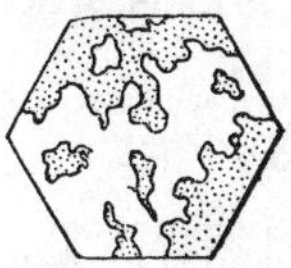	复杂折线花纹 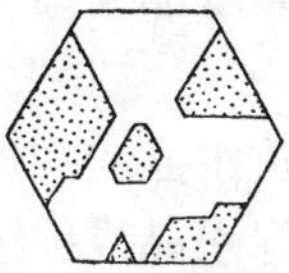

图 5-2 水晶的道芬双晶和巴西双晶

从外形上看，很像一个单晶体，但是构成双晶的两个单体上的晶面条纹，在双晶缝处是不连续的。鉴别道芬双晶和巴西双晶，可依据三方偏方面体小面的分布情况进行。巴西双晶晶体上的三方偏方面体小面是绕 c 轴每隔 120°出现一次。如果每隔 60°就可出现一次，则一定是道芬双晶，构成双晶的两个单体，均为左形晶或均为右形晶。如果观察到三方偏方面体小面成反映关系，左右对称分布，说明构成双晶的两个单体一个是左形晶，另一个是右形晶，双晶为巴西双晶。此外也可根据双晶缝来鉴别，道芬双晶的双晶缝一般呈曲线状，而巴西双晶的双晶缝一般呈

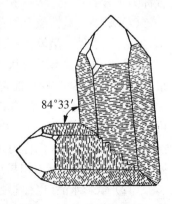

84°33′

图 5-3 水晶的日本双晶

较平直的折线状。

日本双晶一般以$(11\bar{2}2)$为双晶面,两单体的c轴成$84°33'$斜交。

4. 基本性质

(1) 颜色:纯净的水晶为无色透明,常因含有杂质或存在晶体结构缺陷(色心),而呈现各种不同的颜色,有紫色、黄色、绿色、褐色、棕黑色、浅玫瑰红色、乳白色等。

(2) 光泽:玻璃光泽,断口呈油脂光泽。

(3) 透明度:透明至半透明。

(4) 解理与断口:无解理,具贝壳状断口。

(5) 摩氏硬度:7。

(6) 密度:$2.66\ \text{g/cm}^3$。

(7) 光性:非均质体,一轴晶正光性。

(8) 多色性:有色者具有弱的多色性。

(9) 折射率:$No=1.544$,$Ne=1.553$,双折射率 0.009。

5. 主要品种

根据颜色和所含包裹体的不同,将具有观赏价值的水晶,划分为如下品种:

(1) 水晶。较纯净,无色透明。

(2) 紫水晶或称紫晶。呈紫色,一般认为因含 Fe、Mn 或因晶体结构缺陷(色心)致色。

(3) 黄水晶或称黄晶。呈黄色,一般认为含 Fe。

(4) 绿水晶或称绿晶。呈绿色,含 Fe,自然界少见。

(5) 茶晶或称烟晶。呈浅褐色至棕褐色。

(6) 蔷薇水晶。呈浅玫瑰红色,一般认为因含 Ti 或 Mn 所致。呈块状半透明者称为芙蓉石。

(7) 墨晶。呈棕黑至黑色,透明度不如无色和浅色水晶。

(8) 乳水晶。呈乳白色,因含有大量分散状细小气液包裹体所致,半透明。

(9) 发晶。含有纤维状、针状包裹体,有时纤维状、针状包裹体呈放射状排列,组成一个个"花朵",具有很高的观赏价值。

(10) 水胆水晶。含有肉眼可见的液态包裹体,腔内伴有圆形气泡,摇晃可动。

(11) 砂金水晶(也称闪光水晶)。含有云母或赤铁矿等矿物包裹体,在光的照射下这些包裹体会反射出星点状闪光。

(12) 晕彩水晶(也称彩虹水晶)。主要是由于水晶中的微裂隙或薄膜状包裹体,使光波发生干涉作用而产生晕彩色。

（13）景物水晶。包裹体在水晶中的分布非常奇特，形成似山水、人物、花木、鸟兽等景物形态。

5.2.2 鉴赏

1. 鉴别特征

水晶的晶体形态大都呈六方柱与菱面体组成的锥柱状聚形晶体，且柱面上常具有横向晶面条纹。摩氏硬度 7，小刀划不动。无解理，断口呈贝壳状。玻璃光泽，断口上呈油脂光泽。

2. 观赏价值

水晶较为常见，产地也很多，其观赏价值主要取决于以下几个方面：

（1）形态

水晶的晶体形态比较单一，但非常标准的晶形很少见，大都长成不太标准的歪晶，这样的晶体形态看上去也还算美观。应当注意的是那些非常标准的晶形，或难得一见、歪得出奇的晶形，这两种晶体的观赏价值更高。水晶的道芬双晶和巴西双晶，形态与单晶体相似，没有奇特之处。而由两个晶体组成的日本双晶（见图 5-3），以及由若干个晶体组成的平行连晶（见图 2-10），则具有较高的观赏价值。

对于晶簇，不仅要看整体形态是否奇特、美观，还要看晶体的分布是否疏密得当、错落有致。由水晶与其他有色矿物组成的晶簇，更显珍贵。

（2）颜色

人们往往偏爱有颜色的水晶，如紫晶、黄晶、绿晶、蔷薇水晶等，一是它们色彩美，二是在自然界产出少，尤其是绿晶更为少见。无色透明水晶的晶莹剔透、纯净如水，颇具观赏性，再加上较低的价格，也是广大观赏石爱好者喜欢的品种。

一些有颜色的水晶，颜色往往不均匀，例如紫晶，晶体下端常呈无色或浅紫色，向锥顶紫色变深。

（3）包裹体

由于包裹体的存在，可形成发晶、水胆水晶、景物水晶等。这些水晶较为少见，含有奇特包裹体的水晶，更是可遇不可求。有关资料称，江苏省东海县一个含金红石包裹体的发晶，包裹体形状犹如彗星尾巴，该发晶被加工成 200 余克重的水晶球，取名"哈雷彗星"，在博览会上展出时，一位韩国珠宝收藏家给出一万美元的高价。

我国古代称水晶为水玉、水精、玉晶、千年冰、菩萨石等。对水晶的认识和利用具有悠久的历史和灿烂的文化，早在新石器时代水晶已被用作饰品，东周墓中发现有水晶珠,战国时代的中山国遗址里发现有水晶环,之后又有水晶盘、水晶杯等。历史文献中关于水晶的记载也很多,如《山海经·南山经》载有"堂庭之山,多棪木,多白猿,多水玉",东晋郭璞的《山海经注》称"水玉,今水精也",唐代诗人韦应物咏水晶"映物随颜色,含空无表里;持来向明月,闪烁愁成水",充分展现了水晶的晶莹剔透、纯净如水。北宋乐史的《太平寰宇记》、明曹昭的《格古要论》、李时珍的《本草纲目》、宋应星的《天工开物》等等,对水晶都有论述。在我国,结婚15周年称为水晶婚。紫水晶作为2月生辰石,象征诚实、诚挚和心地善良;黄水晶作为11月生辰石,象征真挚的爱。

水晶不仅是观赏石和宝石中的常见品种,它还有很多其他用途。用压电水晶制作的谐振器、滤波器,具有最高的频率稳定性,是现代国防工业、电子工业中不可缺少的重要部件。光学水晶用来制造光学仪器。熔炼水晶用来生产水晶玻璃,毛泽东主席用的水晶棺就是以熔炼水晶为原料制成的。

5.2.3 产状与产地

石英是主要的造岩矿物之一,在地壳中分布很广,约占整个大陆地壳的11%,可形成于很多种岩石中,是一种多成因矿物。但是,作为观赏石的水晶(单晶、双晶及晶簇),主要产在花岗伟晶岩和热液型矿脉的晶洞和裂隙中。含有水晶的矿体或岩石风化后,水晶则转入砂矿中。

世界上产水晶的国家很多,如巴西、美国、俄罗斯、中国、日本、马达加斯加、瑞士、墨西哥,等等。特别是巴西,紫晶产量居世界首位,此外还盛产无色透明的水晶、黄晶、茶晶(烟晶)、墨晶、发晶、水胆水晶等。世界上最大的水晶(长5.5米,直径2.5米,质量达40多吨)也产自巴西。

我国的水晶产地遍布二十几个省区,如江苏、海南、新疆、内蒙、广东、广西、云南、山东、河南,等等。其中江苏省东海县是著名的"水晶之乡",水晶分布面积约700平方千米,储量和质量均居国内首位,水晶年产量约占全国年总产量的一半。1958年,东海县房山镇挖出了一块高1.7米、质量为3.5吨的巨大水晶,被称为"中国水晶王"。1983年,在东海县又采到一块质量为3吨的水晶晶体。以上两个大水晶均陈列于中国地质博物馆。此外,东海县还产有一级光学水晶和少见的绿水晶。绿水晶呈单体及晶簇产出。

海南的水晶也很有名,屯昌县羊角岭是著名产地之一,在面积约0.2平方千米、深度150米的范围内曾产出压电水晶近百吨,熔炼水晶两千多吨,被誉为世界上优质水晶最富集的矿区。

方解石（冰洲石）、文石

5.3.1 基本特征

1. 化学成分

方解石(Calcite)是碳酸盐类矿物中最常见的一种，化学式为 $Ca[CO_3]$，常含有 Mn、Fe，有时含 Sr、Zn、Ba、Co、Cu 等。无色透明的方解石晶体称为冰洲石(Iceland Spar)，其著名产地是冰岛。我国内蒙的冰洲石晶体较大，可达 20～40 cm。

2. 晶系和晶体形态

方解石属三方晶系，是晶形最为多样的矿物之一，且经常长成良好的晶体形态，如复三方偏三角面体、菱面体，以及复三方偏三角面体和菱面体组成的聚形、六方柱和菱面体组成的聚形等（见图 5-4）。由于方解石具有 $\{10\bar{1}1\}$ 菱面体完全解理，以致不少初学者常将解理面误认为天然晶面，将解理块误当作菱面体晶形。解理面与天然晶面的区别在于，解理面平坦光滑，而天然晶面上常见有细小的凹坑（即蚀像）和凸起（即生长丘），有时还可见到附生矿物的小晶体。

文石属斜方晶系，是方解石的同质二像变体，单晶体常呈柱状或尖锥状。也常呈柱状、针状或纤维状晶簇。文石不稳定，在常温下容易转变为方解石。

3. 双晶类型

方解石最常见的双晶是依 $(01\bar{1}2)$ 形成的聚片双晶，这种双晶可因机械作用形成。此外是依 (0001) 为双晶面的蝴蝶状双晶和依 $(10\bar{1}1)$ 为双晶面的燕尾状双晶（见图 5-5），它们都是接触双晶，具有较高的观赏价值。

4. 基本性质

(1) 颜色：纯净的方解石无色，一般为白色至灰白色，由于含有其他微量元素或机械混入物，可呈不同的颜色，如黄色、浅红色、紫红色、褐色、黑色、绿色、蓝色等。

(2) 光泽：玻璃光泽。

(3) 透明度：透明至半透明。

(4) 解理：具有 $\{10\bar{1}1\}$ 菱面体完全解理。

(5) 摩氏硬度：3。

(6) 密度：2.71 g/cm^3。

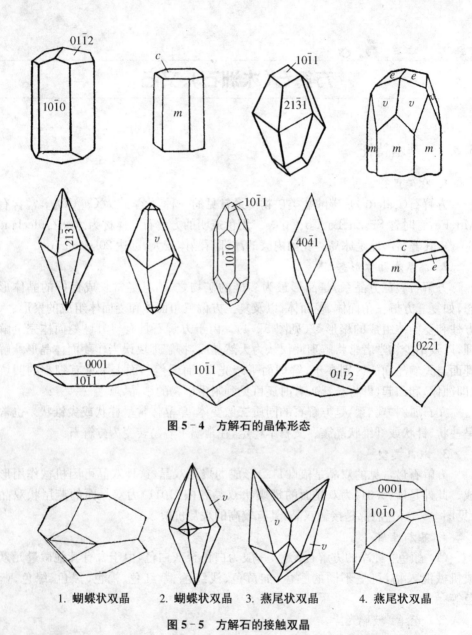

图 5 - 4 方解石的晶体形态

1. 蝴蝶状双晶   2. 蝴蝶状双晶   3. 燕尾状双晶   4. 燕尾状双晶

图 5 - 5 方解石的接触双晶

(7) 光性：非均质体，一轴晶负光性。

(8) 折射率：$No=1.658$，$Ne=1.486$，双折射率 0.172。

(9) 化学性质：遇冷的稀盐酸剧烈起泡。

5. 3. 2　鉴赏

1. 鉴别特征

以晶体形态和$\{10\bar{1}1\}$菱面体解理；摩氏硬度 3，用钢针或小刀可轻易将其划伤；用冷的稀盐酸测试剧烈起泡等为鉴别特征。

2. 观赏价值

方解石并不少见，其观赏价值主要取决于以下几个方面：

(1) 形态

方解石的晶体形态多种多样，有的常见或较常见，有的少见甚至罕见，物以稀为贵，越是稀少的晶形价值越高。

方解石的聚片双晶不具有奇特的外部形态，没有意义。最有观赏价值的是蝴蝶状双晶和燕尾状双晶。

方解石晶簇也很常见，多是由犬牙状的复三方偏三角面体晶形组成的晶簇。由片状方解石组成的集合体称为层解石。有的晶簇非常奇特，整体形态犹如花朵一般(见图 5-6)。此外，方解石与其他矿物组成的晶簇，如方解石-萤石晶簇、方解石-雄黄-雌黄晶簇等，也都有很高的观赏价值。

图 5-6　方解石晶簇(左)和层解石(据　袁奎荣)

(2) 颜色

无色透明的方解石晶体称为冰洲石，可用来观赏，晶莹剔透，透过冰洲石观察，可使物体呈现双影，价值较高。在有色方解石中，以绿色、金黄色和蓝色方解石为少见。那些白色或灰白色方解石，价值不如有色方解石高。

(3) 包裹体

透明方解石晶体中，含有带色矿物的包裹体，如黄铁矿、雄黄、雌黄等包裹体，可使样品更富有观赏性。

方解石在石灰岩(俗称青石)和大理岩中是最主要的矿物成分。纯白色的大理岩在宝石学上称为汉白玉。用石灰岩烧制的石灰用途广泛,还是一味中药,《神农本草经》和《本草纲目》上均有介绍。生石灰用于防腐消毒、杀虫。此外,石灰岩是生产水泥的主要原料,在化学工业中也是制碱、生产电石和氮肥等的原料,在冶金工业上被用作熔剂。作为观赏石的方解石,是指那些晶体形态完美或较完美的单晶体、双晶及晶簇。

冰洲石是方解石的亚种,其名称就是以著名产地冰岛命名的。冰洲石在透明矿物中具有最高的双折射率和最好的偏光性能,主要用于国防工业和制造特种光学仪器,如制作火炮及各种新型发射器的射程仪和测远仪需要用冰洲石,制作大屏幕显示设备、偏光器、光度计等,也都要用到冰洲石。

5.3.3　产状与产地

方解石见于各种岩石中,是一种多成因的矿物,但作为观赏石的方解石,主要产于热液型矿脉和一些岩石的空洞或裂隙中。

有观赏价值的方解石,在世界上产地很多。主要产出国有中国、美国、英国、德国、瑞士、挪威、墨西哥、扎伊尔,等等。

我国的方解石观赏石,遍布二十几个省区,如湖南、贵州、江西、广东、广西、河北、内蒙、新疆等。其中湖南石门雄黄矿产的方解石与色彩艳丽的雄黄、雌黄共生,形成白、红、黄三色巧妙搭配的方解石－雄黄－雌黄晶簇,别具特色。该矿区还产有含雄黄、雌黄包裹体的透明方解石。雄黄和雌黄性质不太稳定,包裹在方解石中,可免遭风化,是难得的珍品。

5.4

萤　　石

5.4.1　基本特征

1. 化学成分

萤石(Fluorite)又名氟石,是氟化物矿物中最主要的一种,其化学式为 CaF_2,常含 Y、Ce、Cl 等元素。

2. 晶系和晶体形态

萤石属等轴晶系,单晶体形态多为立方体,其次为八面体,少数为菱形十二面体,或由它们形成的聚形,以及它们与四六面体、四角三八面体形成的聚形。萤石的双晶常见,由两个立方体依(111)相互贯穿而成。单晶体和双晶形态见图 5-7。

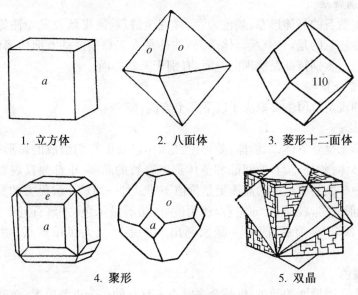

1. 立方体　　　　2. 八面体　　　　3. 菱形十二面体

4. 聚形　　　　　　5. 双晶

图 5-7　萤石的单晶体和双晶

3. 基本性质

(1) 颜色:无色者少见,常呈各种颜色,如紫色、绿色、黄色、蓝色、橙色、褐色等。同一晶体上可有不同的颜色,常呈带状或斑块状分布。

(2) 光泽:玻璃光泽。

(3) 透明度:透明。颜色过深或裂隙较多会影响透明度。

(4) 解理:平行{111}(即八面体)解理完全。

(5) 摩氏硬度与脆性:摩氏硬度4,性脆,易碎裂。

(6) 密度:3.18 g/cm³。

(7) 光性:均质体。

(8) 多色性:无。

(9) 折射率与色散:折射率1.434,色散值0.007,属低折射率,弱色散。

(10) 发光性:在紫外光照射下,大都可发很强的荧光,少数可发磷光。2000年,据《宝石和宝石学杂志》报道,自1997年以来,新疆富蕴县先后发现了多块能发磷光的萤石,最大一块质量为8.6 kg,夜间在15米以外可看到强烈的发光。将这种萤石夜明石磨制成宝珠,便是夜明珠。

5.4.2 鉴赏

1. 鉴别特征

可根据萤石的晶体形态、颜色、八面体完全解理、硬度低及发光性等特征进行鉴别。需要注意的是,一个八面体单晶,往往是人工修整成的八面体形解理块,并非天然晶形。鉴别特征是解理面光滑,有别于天然晶面。

2. 观赏价值

萤石的观赏价值主要取决于以下几个方面:

(1) 形态

晶体形态呈立方体、八面体、菱形十二面体以及由它们组成的聚形晶体,都是完美的单晶体;此外,萤石的双晶和整体形态奇特的晶簇,也都颇具观赏价值。由萤石和其他矿物共生组成的晶簇更是价值不菲。如一块约 1 m 见方的萤石 - 方解石晶簇,晶形完美,粒径 5 cm 左右,透明度好,萤石呈绿色,方解石近于无色,分布错落有致,2000 年前后,国外一藏家愿出 300 多万元人民币购买,主人仍不肯出手。

(2) 颜色

萤石丰富而艳丽的颜色,也是众多赏石者喜欢的一个重要因素,尤其是那些平行于立方体或八面体晶面的色带,不但美观,而且反映出了萤石生长过程中物化条件的变化。

(3) 发光性

这里说的发光性指的是磷光,不包括荧光,能发磷光的萤石非常罕见。萤石夜明石的观赏价值在于发磷光,对晶体形态和颜色不必苛求。

美观的萤石晶体和晶簇可作为观赏石,色彩艳丽的萤石被用作玉雕材料。在古代宝石界称紫色萤石为软水紫晶,这是因为当时鉴别宝石的水平不高,主要是以色辨石,因为紫色萤石与紫色水晶相似,而硬度又较紫水晶小,故名软水紫晶。我国历史上宝石界第一大谜案是"和氏璧",第二大谜案是"夜明珠",那么,随着萤石夜明石的发现(另外还有一则磷灰石夜明石的报道),夜明珠这一谜案已有了谜底。

萤石还是一味中药材,中药歌诀"甘温心肝紫石英,镇心安神能定惊"中的紫石英,并非二氧化硅紫水晶,而是被称作软水紫晶的萤石。

萤石还有广泛的其他用途。冶金工业上主要用作冶炼钢铁的熔剂,同时还具有很好的脱硫、脱磷作用。化学工业上主要用来制取氢氟酸及其衍生物。无色透明的萤石晶体可作为光学材料,具有低折射率、弱色散、均质性(无双折射),以及对红外线和紫外线都有很高的透光性,被用在摄谱仪和显微镜上,还可用来制造消除色差和像差的透镜和棱镜。

5.4.3 产状与产地

萤石主要形成于热液矿脉中,有时作为独立矿床出现,有时大量出现在金属硫化物矿床中。在花岗岩和花岗伟晶岩中也是由气化-热液作用形成。由沉积作用形成的萤石很少,且呈隐晶状。作为观赏石的萤石晶体和晶簇,都产自热液矿脉或花岗岩、花岗伟晶岩的晶洞内。

世界上产萤石的国家很多,如中国、美国、英国、德国、瑞士、挪威、加拿大、俄罗斯、纳米比亚、澳大利亚,等等。

我国的萤石产地遍布二十几个省区,主要有湖南、江西、浙江、福建、云南、贵州、河北、内蒙、陕西、新疆等。其中湖南耒阳上堡硫铁矿是著名的萤石晶体产地,萤石多呈绿色,也有蓝色和无色,与黄铁矿、方解石、石英等矿物共生。河北的萤石矿主要分布于承德地区,1993年,笔者在围场县矿管局大院内看到堆积如小山般的萤石矿石,多呈绿色、紫色,其中有不少好的晶体,可惜损坏严重,失去了观赏价值。据知情人士说,这些都是从民采矿点收购来的,作为熔剂或化工原料待运。

5.5

辰　砂

5.5.1 基本特征

1. 化学成分

辰砂(Cinnabar)是汞的硫化物矿物,其化学式为 HgS,有时成分中含少量 Se、Sb、Cu、Te 等混入物。

2. 晶系和晶体形态

三方晶系,单晶体常呈厚板状、柱状。这些厚板状、柱状晶体多是由六方柱与菱面体、平行双面组成的聚形。矛头状贯穿双晶常见。单晶体和双晶形态见图 5-8。集合体呈块状、葡萄状、皮壳状。

3. 基本性质

(1) 颜色:鲜红色。条痕呈红色。有时因氧化作用表面可带铅灰色的锖色。

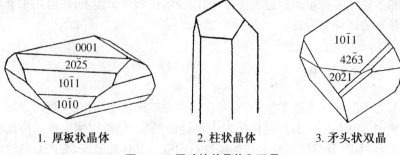

1. 厚板状晶体　　　　　2. 柱状晶体　　　　　3. 矛头状双晶

图 5–8　辰砂的单晶体和双晶

（2）光泽：金刚光泽。

（3）透明度：半透明。

（4）解理：解理平行{$10\bar{1}0$}完全。

（5）摩氏硬度：2～2.5。

（6）密度：8～8.2 g/cm³。

（7）光性：一轴晶，正光性。

（8）折射率：$No=2.91, Ne=3.27$。

（9）其他：性脆，易碎。

5.5.2　鉴赏

1. 鉴别特征

鲜红色，条痕红色，金刚光泽，高折射率，高密度，低硬度。

2. 观赏价值

（1）形态与颗粒大小

完美的晶体形态，尤其是那些柱状晶体和矛头状双晶，具有很高的观赏价值。辰砂的晶体都较小，现珍藏于国家地质博物馆的"辰砂王"也只有 237 g，用辰砂的密度去除 237 g，计算出辰砂王的体积约 29 cm³，与数吨的水晶和数米长的石膏晶体相比，实在是太小了，但这个辰砂王堪称世界之最。通常将粒径大于 5 mm 的辰砂晶体用来观赏和收藏，粒径达到 1～2 cm 的晶体已十分少见，就相当珍贵了。

2005 年 6 月 19 日，中央电视台（二套）鉴宝栏目里，一个呈矛头状双晶的辰砂晶体，质量约 130 g（按密度 8 g/cm³ 折合体积约 16 cm³），经北京大学专家鉴定后，按每克 2 000 元左右的价格，给出这个辰砂晶体的价值在 27 万～28 万元人民币。

（2）颜色与光泽

辰砂鲜艳的红色和明亮的金刚光泽，给人以视觉上的美感，但辰砂受到氧化后，表面会产生铅灰色的锖色，以致影响辰砂的颜色和光泽。

辰砂俗称朱砂、丹砂，在古代以湖南辰州（今沅陵）所产最佳，故以著名产地命名为辰砂。辰砂是提炼汞最重要的矿物原料，也用作高档颜料，还是一味中药，大颗粒单晶体用于激光技术等方面，珍贵印章石——鸡血石中的所谓"血"也是辰砂。色彩艳丽、晶形完美、颗粒粗大的辰砂称为珠宝砂，并将其作为宝石。实际上辰砂不但性脆，而且硬度很低，不适合作宝石，确切地说是一种非常珍贵的观赏石。

5.5.3　产状与产地

辰砂是汞矿物中分布最广的一种，由低温热液作用形成，也见于近代火山和温泉附近。常与辉锑矿、雄黄、雌黄、黄铁矿、方解石、石英等矿物共生。作为观赏石的辰砂晶体和晶簇都产自晶洞中。

我国是世界上大颗粒辰砂晶体的主要产出国。贵州铜仁地区是世界公认的最好的辰砂晶体产地，举世无双的辰砂王就产自铜仁万山汞矿。与贵州毗邻的湖南自古以来就盛产优质辰砂，辰砂就是以湖南辰州而得名的，现在湘西的凤凰一带，仍是大颗粒辰砂的著名产地。我国的汞矿产地很多，但完美粗大的辰砂晶体主要产自黔东北和湘西少数几个矿区。

其他国家如美国、墨西哥、意大利、西班牙等，所产的辰砂晶体都不超过 2 cm，品质也不如我国的好。

5.6

雄　黄

5.6.1　基本特征

1. 化学成分

雄黄（Realgar）也称鸡冠石（因颜色红如鸡冠而得名），是一种砷的硫化物矿物，含砷约 70%，其化学式为 As_4S_4，属分子结构型，可简写为 AsS。

2. 晶系和晶体形态

单斜晶系，单晶体通常细小，呈短柱状（见图 5-9），往往呈微细粒状或土状块

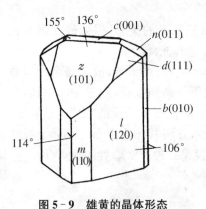

图5-9 雄黄的晶体形态

体产出。

3. 基本性质

(1) 颜色：橘红色。条痕（即粉末）呈淡橘红色。

(2) 光泽：晶面上具金刚光泽,断面上呈树脂光泽。

(3) 透明度：透明至半透明。

(4) 解理：解理平行{010}完全。

(5) 摩氏硬度：1.5～2。

(6) 密度：3.56 g/cm³。

(7) 光性：非均质体,二轴晶,负光性。

(8) 多色性：明显至强。

(9) 折射率：$Np=2.538, Nm=2.684, Ng=2.704$。

(10) 其他：性脆,易碎。长期暴露于阳光下,可使晶体遭受破坏而变成淡橘红色粉末。

5.6.2 鉴赏

1. 鉴别特征

橘红色,金刚光泽,硬度小,指甲即可将其划伤。与辰砂的区别在于,辰砂呈鲜红色,条痕呈红色,此外,雄黄的密度远不如辰砂大,两者的晶体形态也不同。

2. 观赏价值

雄黄艳丽的颜色和明亮的光泽,自然使人喜爱。被包裹于方解石中的雄黄晶体,有了方解石这个天然保护层的保护,不但免遭风化,而且白里透红,别具特色,是不可多得的珍品。那些由雄黄、雌黄和方解石组成的晶簇,红、黄、白三色巧妙搭配,更显得绚丽多姿,也极具观赏价值。

粗大的雄黄晶体十分稀少,国外出产的雄黄晶体多在2 cm以下,粒度在0.5～1.5 cm的晶体,也被看作是粗大的好晶体。我国湖南石门出产的柱状雄黄晶体,柱长在1～3 cm的较为常见,最大的可达6 cm,可称得上是"巨大"的雄黄晶体。

雄黄可制造烟火、染料等,中医用作解毒杀虫药,《神农本草经》和《本草纲目》均有介绍。古代小说《白娘子永镇雷峰塔》中有用雄黄药水捉蛇之法,但未能制服白娘子这条大白蛇。此外,我国古代还有在端午节喝雄黄酒的习俗。京剧《白蛇传》中,白娘子就是在端午节喝了许仙递上的两杯雄黄酒而显露了原形。

中医认为,雄黄性温,味苦辛,有毒,主要用作解毒、杀虫药。外用治疗疥癣、蛇虫咬伤等,效果较好。由于雄黄毒性大,极少用于直接内服,一般内服多入丸、散剂。雄黄的化学成分是硫化砷,其中的砷也是砒霜(As_2O_3,三氧化二砷)中的成分。现代科学证明,砷对人体是有害元素,喝雄黄酒有损身体健康。

5.6.3　产状与产地

雄黄主要产于低温热液和火山热液矿床中,也可由温泉沉积和火山喷气作用形成。常与雌黄、辉锑矿、辰砂、方解石、石英等矿物共生。完美的晶体和晶簇,都产于晶洞中。

湖南省石门县雄黄矿产出的雄黄晶体,粗大、标准,最为完美,石门因此而成为世界上公认的最好的雄黄晶体产地。

世界上产雄黄晶体的国家还有美国、瑞士、日本、罗马尼亚、捷克等。

5.7

雌　黄

5.7.1　基本特征

1. 化学成分

雌黄(Orpiment)为砷的硫化物矿物,是主要的含砷矿物之一,其化学式为As_2S_3,类质同像混入物 Sb 可达 3%,此外有微量的 Hg、Ge、Se 等。

2. 晶系和晶体形态

单斜晶系。单晶体呈短柱状(见图 5 - 10),集合体中呈片状、梳状、土状等。

3. 基本性质

(1) 颜色:柠檬黄色。条痕鲜黄色。

(2) 光泽:金刚光泽,集合体呈油脂光泽。

(3) 透明度:透明至半透明。

(4) 解理:平行{010}完全。

(5) 摩氏硬度:1.5~2。

(6) 密度:3.5 g/cm^3。

(7) 光性:非均质体,二轴晶,负光性。

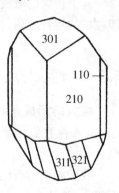

图 5 - 10　雌黄的晶体形态

(8) 折射率：$Np=2.40$，$Nm=2.81$，$Ng=3.02$，双折射率为 0.62。

(9) 其他：薄片具挠性（受力时发生弯曲并不断裂，当外力解除后，不能再恢复到原来状态）。长期暴露于空气中和阳光下会使晶体粉末化。

5.7.2 鉴赏

1. 鉴别特征

柠檬黄色，硬度低，平行{010}解理完全，常与雄黄共生。

2. 观赏价值

雌黄具有艳丽的色彩。粗大的晶体十分罕见，因此倍显珍贵。国外产的雌黄晶体能达到 1 cm 长的已很少见到，偶见 3×8 cm 的晶体。而我国湖南省石门县雄黄矿产的雌黄晶体，一般在 2~5 cm，最长可达 10 cm。作为观赏石，大于 3 cm 的晶体和晶簇，以及被包裹于透明方解石中的 1~3 cm 长的雌黄晶体，都深受观赏石爱好者和收藏家的青睐。

对雌黄这种矿物，可能有些人不太熟悉，但对"信口雌黄"这个成语，大家都不陌生。古时候写字用黄纸，如果写错了就用雌黄制成的颜料涂了重写，在这里雌黄的作用相当于我们现在用的修正液。

西晋大臣王衍爱好老子、庄子的学说，善于用老、庄的道教思想解释儒家经义，讲授玄理，每逢义理讲得不恰当时，便随口更改，毫不在乎，人们因此称他是"口中雌黄"。而"信口雌黄"则完全是贬义，比喻不顾事实，随口乱讲。

雌黄还是一味中药，《神农本草经》和《本草纲目》均有介绍，用以杀菌灭虫、医治恶疮等。

完美粗大的雌黄晶体和晶簇是难得的观赏石品种。1982 年我国发行了一套四枚矿物特种邮票，其中的 4-1 就是雌黄晶簇彩照。

5.7.3 产状与产地

雌黄的形成条件和产状，完全相似于雄黄，两者总是形影不离共生在一起，有人称它们是矿物王国里的一对"鸳鸯"，并且雄黄经蚀变作用可转变成雌黄。

我国湖南省石门县是世界著名的优质雌黄晶体产地，所产出的雌黄晶体完美而粗大，被认为是世界上最好的雌黄晶体。世界上产雌黄晶体的国家还有美国、秘鲁、希腊、土耳其、匈牙利等。

5.8

石膏(沙漠玫瑰)

5.8.1 基本特征

1. 化学成分

石膏(Gypsum)是含有结晶水的硫酸钙矿物,其化学式为$Ca[SO_4] \cdot 2H_2O$,成分中可有少量的 Ba 和 Sr 替代 Ca,有时可含有粘土矿物、方解石等机械混入物。

2. 晶系和晶体形态

单斜晶系。晶体多呈{010}板状,少数呈柱状。双晶以(100)为双晶面,形成像燕子尾巴形状的双晶,称燕尾双晶。石膏的板状晶体和双晶见图5-11。无色透明的石膏称为透石膏,呈纤维状集合体的称为纤维石膏,呈白色细粒致密块状集合体的石膏称为雪花石膏。由薄板状石膏组成的晶簇,形状如玫瑰花朵一般,且含有较多黄褐色细沙包裹体,被称为"沙漠玫瑰"。

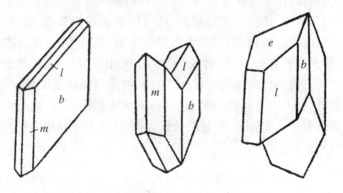

图 5-11 石膏的晶形(左)与燕尾双晶

3. 基本性质

(1)颜色:通常为白色或无色。由于含杂质可呈灰色、浅黄色、浅红色、褐红色等。

(2)光泽:玻璃光泽。解理面呈珍珠光泽。纤维石膏呈丝绢光泽。

(3)透明度:透明至半透明。

(4)解理:{010}解理完全,{100}和{011}解理中等。

(5) 摩氏硬度：2。

(6) 密度：2.30～2.37 g/cm^3。

(7) 光性：非均质体，二轴晶，正光性。

(8) 折射率：$Np=1.521,Nm=1.523,Ng=1.530$。

(9) 其他：性脆，易碎。

5.8.2 鉴赏

1. 鉴别特征

石膏以其硬度低和具有{010}完全解理，以及晶体形态为鉴别特征。

2. 观赏价值

石膏的完美晶形、双晶和晶簇，以及透石膏的透明如水，是其观赏价值的主要方面。石膏的颜色相对单调，共生矿物也少，当石膏含有水胆，或因含有微细粒赤铁矿而使石膏呈红色，则更具有观赏价值。此外，石膏晶体数量多，价格较低，但长度在1米以上，甚至长达3米左右或更大的石膏晶体，都是不可多得的珍品。由于石膏的硬度小，解理发育，容易受到损伤，其完好无损程度也是不容忽视的。

石膏的用途很广泛。在水泥工业上用作硅酸盐水泥的缓凝剂；将石膏煅烧到170℃得到灰泥石膏，用于涂抹天棚、檐板等；煅烧到750℃并碾成粉末得到水硬石膏，用来制造印花墙板、墙檐等建筑材料；还可用于土壤调节剂、肥料、农药、造纸、油漆、橡胶、塑料、纺织、食品、工艺美术品以及文教、医药等。《神农本草经》和《本草纲目》上这样介绍石膏："味辛、性寒、无毒，主治中风寒热，心惊喘息，口干舌燥，呼吸困难。"透明石膏可作偏振光的检板。在其他硫资源缺乏的情况下，也可用来制取硫酸。此外，有人将石膏划归宝石范畴，其实将晶形、颜色或透明度较好的石膏晶体作为观赏石更合适，因为石膏的硬度太低，还不如手指甲的硬度大。

5.8.3 产状与产地

石膏主要由沉积作用形成，广泛分布于沉积岩层中。也可由低温热液作用形成，产于某些热液矿脉中。

我国的石膏储量居世界前列，绝大多数省区都有产出，但能够作为观赏石的石膏晶体，主要产自贵州、新疆、青海、四川、湖南等地。其中最著名的是贵州，曾产出过2.4米长的石膏巨晶，有的还包裹有10～30厘米的水胆。

国外也有一些优质石膏晶体产地，著名的有墨西哥、法国、智利、美国、俄罗斯、英国、德国等，其中智利曾产出过3米长的石膏晶体。

5.9
绿柱石(祖母绿、海蓝宝石)

5.9.1 基本特征

1. 化学成分

绿柱石(Beryl)是一种铍和铝的硅酸盐矿物,其化学式为 $Be_3Al_2[Si_6O_{18}]$,成分中常含有微量的 Cr、Fe、Ti、V、Mn、Li、Cs 等元素,它们替代 Be 和 Al。

2. 晶系和晶体形态

六方晶系。晶体通常呈发育完整的六方长柱状(见图 5-12),柱面上常有细的纵纹。有时也呈短柱状或板状。

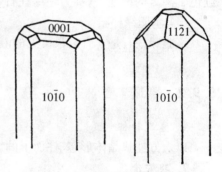

图 5-12 绿柱石的晶体形态

3. 基本性质

(1) 颜色:纯净或只含 K、Na 杂质元素的绿柱石无色透明,因含有不同的色素离子,可呈现不同的颜色。绿柱石的颜色有翠绿色、绿色、浅绿色、海蓝色、浅蓝色、红色、粉红色、黄色、棕色等。

(2) 光泽:玻璃光泽。

(3) 透明度:透明至半透明。

(4) 解理:{0001}解理不完全。

(5) 摩氏硬度:7~8。

(6) 密度:2.67~2.90 g/cm³。

(7) 光性:非均质体,一轴晶,负光性。

(8) 多色性:与颜色深浅有关,浅色者弱至中等,深色者中等至强。

(9) 折射率:$No=1.568\sim1.602,Ne=1.564\sim1.595$。

(10) 其他:性脆。

4. 主要品种

(1) 祖母绿

由铬元素致色的翠绿色宝石级绿柱石,被誉为"绿色宝石之王"。在翠绿色和绿色的绿柱石中,由铬元素致色的称为祖母绿,由铁元素致色的称为(绿色)绿柱石,这样的定义是否科学,还有待研究探讨。例如在我国云南麻栗坡发现的"祖母绿"就是由钒、铬、铁共同致色,属于富钒贫铬、铁的品种,对其归属(命名)问题一直存在争议。实际上,无论是作为宝石还是作为观赏石,这样定义在实际应用中都是不便于操作的,也就是说,对每件标本不可能也没有必要去检测它的颜色究竟是 Cr 致色、钒致色,还是 Fe 致色。因此,我们建议,将那些翠绿色和绿色、透明度又好的绿柱石统称为"祖母绿"。

(2) 海蓝宝石

海蓝宝石是海蓝色至浅蓝色的宝石级绿柱石,成分中含有二价铁。

(3) 绿柱石

除祖母绿和海蓝宝石外,包括无色及其他所有颜色的绿柱石。颜色有暗绿色、黄绿色(含 Fe、V)、红色和粉红色(含 Li、Cs、Mn)、黄色(含 Fe^{3+})等。其中呈不同红色、含 Cs 的绿柱石,称为铯绿柱石,也称摩根石。

(4) 水胆绿柱石

水胆绿柱石是含有肉眼可见的液态包裹体(即水胆)的绿柱石。

5.9.2　鉴赏

1. 鉴别特征

以六方柱状晶体形态、柱面上的纵纹和较高的硬度为鉴别特征。

2. 观赏价值

颜色鲜艳、透明度好、颗粒粗大、晶形完美的宝石级绿柱石,具有极高的观赏价值。就颜色而言,翠绿色、浓绿色、红色、海蓝色等,都是人们喜欢的颜色。作为观赏石,不必按宝石标准来要求,那些晶形完美或较完美,其他条件欠佳的绿柱石,也都颇受欢迎。此外,含有特殊包裹体的绿柱石,如水胆绿柱石,也是不可多得的品种。

宝石级的绿柱石,过去曾统称为绿宝石,包括祖母绿、海蓝宝石和绿柱石三个成员。优质的绿柱石晶体用来观赏,是观赏石中的珍贵品种,尤其是被誉为绿色宝石之王、世界七大珍贵宝石之一的祖母绿,更是不可多得。

人们对这类宝石的认识和利用,具有悠久的历史和灿烂的文化。早在 6 000 年前的巴比伦,就有人在市场上出售祖母绿。在古希腊,人们将祖母绿作为高贵的珍宝,献给希腊神话中爱和美的女神"维纳斯"。在我国,祖母绿是结婚 55 周年的婚庆纪念石。

世界上许多国家流行生辰石。祖母绿作为 5 月生辰石,象征幸福、幸运和长久。海蓝宝石作为 3 月生辰石,象征沉着、勇敢和聪明。

那些既达不到宝石级别，又不具观赏价值的绿柱石，是提取稀有金属铍的主要矿物原料。

5.9.3　产状与产地

绿柱石主要产于花岗伟晶岩中，也见于结晶片岩和各种热液作用形成的矿脉和云英岩中，优质晶体多产于晶洞内。我国最大的绿柱石晶体质量达 60 吨，产自新疆阿尔泰。

我国的绿柱石晶体产地很多，如新疆、内蒙、青海、甘肃、山西、河南、江西、湖南、四川、云南、广西、海南、福建等。其中以新疆最为著名，除产有数十吨的绿柱石巨晶外，还产出过质量为 14.64 kg 的海蓝宝石和 150 g 的水胆海蓝宝石。

世界上产绿柱石晶体的国家还有巴西、巴基斯坦、俄罗斯、马达加斯加、美国、爱尔兰、哥伦比亚、南非等。南非曾产出过世界上最大的祖母绿晶体，质量达 4.8 kg。巴西曾产出过世界上最大的海蓝宝石晶体，质量达 110.5 kg。

5.10

刚玉(红宝石、蓝宝石)

5.10.1　基本特征

1. 化学成分

刚玉(Corundum)属氧化物类矿物，其化学式为 Al_2O_3，成分中常含有 Cr、Ti、Fe、Mn、V、Ni、Si 等微量元素，它们以类质同像形式替代 Al。

2. 晶系和晶体形态

刚玉属三方晶系。晶体多呈腰鼓状、柱状，少数呈板状(见图 5-13)。常依菱面体 $\{10\bar{1}1\}$ 形成聚片双晶，有时也依 $\{0001\}$ 形成聚片双晶，在晶面上常出现相交的双晶条纹。

3. 基本性质

(1) 颜色：刚玉的颜色多种多样，有玫瑰红色、红色、浅红色、橙红色、蓝色、绿色、黄色、褐色、紫色、无色等。纯净的 Al_2O_3 晶体无色透明，微量元素的存在与颜色有一定的内在关系。红色的含 Cr，蓝色的含 Fe、Ti，绿色的含 Fe、Cr、V，黄色的

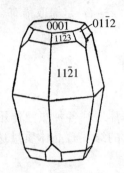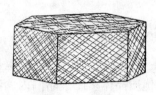

图 5-13 刚玉的晶体形态和双晶条纹

含 Ni,褐色的含 Mn、Fe,紫色的含 Fe、Ti、Cr。

刚玉的颜色往往不均匀,在同一个颗粒上也可出现两种颜色,如蓝色-绿色或蓝色-黄色等。在蓝色刚玉的横截面上常见六边形色带,而红色刚玉中色带则少见。

(2) 光泽:玻璃光泽。

(3) 透明度:透明至半透明,颜色过深会影响透明度,含包裹体多者常为半透明至微透明。

(4) 解理和裂理:无解理。可沿双晶接合面产生裂理。

(5) 摩氏硬度:9。

(6) 密度:$4.0 \, g/cm^3$。

(7) 光性:非均质体,一轴晶,负光性。

(8) 多色性:深色的多色性强,浅色的多色性弱或明显。

(9) 折射率:$Ne=1.760, No=1.768$。双折射率 0.008。

(10) 特殊光学效应:星光效应常见,猫眼效应少见。

4. 主要品种

(1) 红宝石

红色的宝石级刚玉称为红宝石,颜色多呈带玫瑰色调的深红色至浅红色,其中以鸽血红为最佳色。

(2) 蓝宝石

除红色外,其他所有颜色的宝石级刚玉均称为蓝宝石,故蓝宝石的颜色不都是蓝色。其中以矢车菊蓝(带紫色调的蓝)为最佳色,其次为纯蓝墨水般的蓝色和天鹅绒蓝色。

(3) 刚玉

指那些达不到宝石级别但晶体形态完美或较完美,可用来观赏的刚玉。

5.10.2 鉴赏

1. 鉴别特征

腰鼓状晶形,晶面上可见相交的双晶条纹,横截面上常见六边形色带。硬度大,可轻易划伤水晶。

2. 观赏价值

晶形完美或较完美的红宝石和蓝宝石具有极高的观赏价值,也是难得的珍品。那些晶形欠佳,但颜色鲜艳、透明度好,或者晶形好而其他方面欠佳的晶体,也都颇有观赏价值。红宝石在自然界中不但比蓝宝石产出少,而且粒度也比蓝宝石细小。质量达 100 多克的红宝石晶体非常罕见,而在蓝宝石中这般大小的晶体相对较多。另据有关资料报道,1999 年在泰国发现了一块质量达 7 kg 多的蓝宝石。所以,同样品级、同样大小的红宝石和蓝宝石,前者的珍稀程度和价值,要比后者高得多。

红宝石和蓝宝石素有"宝石中的姊妹花"之美称,两者同属世界七大珍贵宝石之列。红宝石是结婚 40 周年婚庆纪念石;作为 7 月生辰石,象征热情、仁爱和品德高尚。蓝色蓝宝石是结婚 45 周年婚庆纪念石;作为 9 月生辰石,象征慈爱、诚谨和德高望重。

人们除了用红宝石、蓝宝石镶嵌首饰外,过去有些国家还将红宝石、蓝宝石镶嵌在王冠上和权杖上,甚至镶嵌在建筑物上。始建于公元前 585 年的缅甸"瑞光大金塔"上,就镶嵌有 2 317 颗红宝石、蓝宝石,该塔被视为古代东方文明的一个重要象征。

我国古代称红宝石、蓝宝石为"光珠",在《后汉书·西南夷传》中就有光珠、水精、琉璃的记载,这说明我国至少在东汉时期已经认识红宝石、蓝宝石。晋常璩的《华阳国志·南中志》、北魏郦道元的《水经注·若水》,也都有光珠的记载。1970年,在陕西省西安市何家村出土的两瓮唐代窖藏文物中,就有红宝石、蓝宝石,这是中国宝石业发展史研究方面的重大发现。元代陶宗仪的《辍耕录》中有红亚姑、黄亚姑、白亚姑等记载。"亚姑"是阿拉伯语中刚玉宝石的译音,现今的阿拉伯商人仍称红宝石为亚姑。《辍耕录》中的各色亚姑,应是红宝石和各色蓝宝石。北京明十三陵中的定陵就有许多红宝石、蓝宝石。据《滇志·羁縻志》、《明史·地理志》等文献记载,明代的刚玉宝石产地"宝井"即今缅甸的抹谷(Mogok),当时抹谷属云南永昌府管辖。明代文学家杨慎的《宝井篇》有"彩石光珠从古重"、"紫刺硬红千镒价"之称。这里的硬红也是指红宝石,其摩氏硬度为 9,较其他红色宝石的硬度都大,故称"硬红"。清代将红宝石用作亲王和一品官的顶戴标志,将蓝宝石用作三品官的顶戴标志。在慈禧太后的陵墓中,也有许多殉葬的红宝石、蓝宝石。这说明红宝石、蓝宝石在明清时期已被视为上等珍宝。时至今日,在市场出售的宝石饰品中,除钻石外,红宝石、蓝宝石仍是最受人们喜爱的宝石。

5.10.3 产状与产地

刚玉是一种多成因矿物,产于岩浆岩和变质岩中,如玄武岩、橄榄岩、大理岩、矽卡岩、片麻岩等。含刚玉的岩石或矿床风化后,由于刚玉的硬度大,化学性质稳定,常形成机械沉积的砂矿,不过砂矿中的刚玉晶体,其晶棱因磨蚀而圆化。

刚玉的产地国内外都很多,但红宝石和蓝宝石的产地则很少,尤其是红宝石产地更少。红宝石的主要产出国有缅甸、斯里兰卡、泰国、越南等。蓝宝石的主要产出国有缅甸、斯里兰卡、澳大利亚、泰国、印度、巴基斯坦等。缅甸是世界上最重要的红宝石、蓝宝石产出国,所产的红宝石比蓝宝石更著名。

我国许多省区都有刚玉产出,但红宝石、蓝宝石却非常之少。到目前为止,有经济价值的红宝石产地仅云南省元江县一处,有经济价值的蓝宝石产地也只有山东省昌乐县、福建省明溪县和海南省文昌县。

5.11

尖 晶 石

5.11.1 基本特征

1. 化学成分

尖晶石(Spinel)属氧化物类矿物,其化学式为 $MgAl_2O_4$,成分中常含有 Cr、Fe、Zn、Mn 等元素。

2. 晶系和晶体形态

为等轴晶系。单晶体常呈八面体,有时呈八面体与菱形十二面体组成的聚形。双晶常见,双晶面依(111)成接触双晶(见图 5-14)。

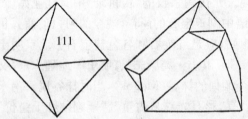

图 5-14 尖晶石的晶形(左)和双晶(右)

3. 基本性质

(1)颜色:有红色、橙红色、粉红色、紫红色、蓝色、绿色、黄色、褐色、变色、无色等,颜色丰富。

(2)光泽:玻璃光泽。

（3）透明度：透明至半透明，颜色过深或包裹体多者会影响透明度。

（4）解理：{111}解理不完全。

（5）摩氏硬度：8。

（6）密度：3.60 g/cm³。富含 Fe、Zn、Mn、Cr 者密度会偏高。

（7）光性：均质体。个别变种有微弱的双折射。

（8）多色性：无。

（9）折射率：1.718，或偏高。

（10）特殊光学效应：可具变色效应（但稀少）、星光效应。

5.11.2 鉴赏

1. 鉴别特征

以其八面体晶形、双晶面依（111）成接触双晶和硬度大为鉴别特征。

2. 观赏价值

完美的单晶体和双晶形态，鲜艳的色彩，尤其是产于白色大理岩中的鲜红色尖晶石，犹如雪山上点点红梅，都颇具观赏价值。具有变色效应的尖晶石更为稀少，观赏价值更高。

红色尖晶石曾名大红宝石，优质者可与红宝石媲美。在科学技术不发达的古代，没有先进的鉴定仪器，主要是以色辨石，以至于常将红色尖晶石误认为是红宝石。公元1415 年，镶嵌在英国王冠上的一粒约 170 克拉（1 克拉＝0.2 克）的"黑太子红宝石"，就是一粒红色尖晶石。1762 年，镶嵌在俄国女皇叶卡捷琳娜（即凯瑟琳大帝二世）皇冠顶部的一粒 389 克拉的"红宝石"，也是红色尖晶石，这粒尖晶石是以 12 亿卢布从我国北京购买的。我国明清时期留存下来的红宝石中，也有不少是红色尖晶石。

我国古代，将红色尖晶石称为"巴拉"或"巴拉斯"、"巴拉斯红宝石"等。明代杨慎《宝井篇》和李伯元《官场现形记》中所谈到的"硬红"和"软红"，前者指的是红宝石（刚玉，摩氏硬度 9），后者指的是红色尖晶石（摩氏硬度 8）。

5.11.3 产状与产地

尖晶石是多成因矿物，主要产于白云岩或白云质石灰岩与岩浆岩的接触带，即镁质矽卡岩、镁质大理岩中，是一种高温接触变质矿物。也产于区域变质的某些结晶片岩、片麻岩和角闪岩，以及缺少 SiO_2 的岩浆岩。

世界上许多国家都产有尖晶石，优质（宝石级）尖晶石的主要产出国有阿富汗、缅甸、斯里兰卡、泰国、柬埔寨、巴基斯坦等，此外巴西、美国、瑞典、葡萄牙、尼日利亚等国也有优质(宝石级)尖晶石产出。

我国不少省区都有尖晶石,如云南、福建、江苏、河南、河北、新疆、内蒙等,有的达到了宝石级别。

5.12
电气石(碧玺)

5.12.1 基本特征

1. 化学成分

电气石(Tourmaline)是含硼的硅酸盐矿物,化学成分比较复杂,其化学式为$(Na,K,Ca)(Mg,Fe,Mn,Li,Al)_3(Al,Fe,Cr,V)_6[Si_6O_{18}](BO_3)_3(OH,F)_4$。按成分特点可分为以下几种:

(1) 镁电气石 $NaMg_3Al_6[Si_6O_{18}](BO_3)_3(OH,F)_4$;

(2) 黑电气石 $NaFe_3Al_6[Si_6O_{18}](BO_3)_3(OH,F)_4$;

(3) 锂电气石 $Na(Li,Al)_3Al_6[Si_6O_{18}](BO_3)_3(OH,F)_4$。

在黑电气石与镁电气石之间以及黑电气石与锂电气石之间,可形成完全类质同像;而镁电气石与锂电气石之间为不完全类质同像。此外还常含有 K、Ca、Mn、Cr、Ti、Cu、V、Cl 等,并可形成:

(4) 锰电气石 $NaMn_3Al_6[Si_6O_{18}](BO_3)_3(OH,F)_4$;

(5) 钙镁电气石 $CaMg_4Al_5[Si_6O_{18}](BO_3)_3(OH,F)_4$。

2. 晶系和晶体形态

三方晶系。单晶体呈柱状,柱面上常有纵纹,晶体的横断面呈弧线三角形(见图 5-15)。

3. 基本性质

(1) 颜色:电气石的颜色非常丰富,凡是矿物中出现的颜色,几乎都可以在电气石中找到。而且有的电气石颜色分布非常奇特,在柱状晶体的一端为红色或粉红色,另一端为绿色或黄绿色,中间为过渡色,这种电气石被称为双色(或多色)电气石(碧玺)。也有的电气石颜色围绕长轴呈同心环带状分布,外层为绿色,内部为红色,其横断面犹如一个切开的西瓜,故取名西瓜电气石(碧玺)。

电气石丰富多彩的颜色,与复杂的化学成分和形成时的温度有关。一般说来,含铬者呈绿色,含锰者呈红色,含铜者呈蓝色或蓝绿色,含铁者呈暗绿色、深蓝色、

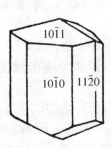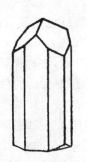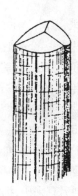

图 5 – 15   电气石的晶体形态

暗褐色或黑色。

在伟晶岩形成的不同阶段,可形成不同颜色的电气石,高温时形成黑电气石,温度低至 290℃ 左右时形成绿色电气石,150℃ 左右时则形成红色电气石。

(2) 光泽:玻璃光泽。

(3) 透明度:透明至半透明。黑色者几乎不透明。

(4) 解理和裂理:无解理。垂直晶体长轴方向的横裂理较发育。

(5) 摩氏硬度:7～8。

(6) 密度:3.06～3.25 g/cm^3。

(7) 光性:非均质体,一轴晶,负光性。

(8) 多色性:浅色者多色性中等,深色者多色性强。

(9) 折射率:$No=1.63～1.70$,$Ne=1.61～1.66$,双折射率0.02～0.04。

(10) 其他:具有明显的热电性。即电气石受热后,在其柱状晶体的两端可产生数量相等而符号相反的电荷,并导致晶体吸引或排斥尘埃。

5.12.2 鉴赏

1. 鉴别特征

柱状晶体,柱面上有纵纹,晶体横断面呈弧线三角形。具有热电性。无解理,横向裂理发育等。颜色不均匀,尤其是双色及颜色呈同心环带者更易鉴别。

2. 观赏价值

电气石的颜色是决定其观赏价值最重要的因素。双色电气石(碧玺)、西瓜电气石(碧玺)是不可多得的珍品;鲜艳的红色、蓝色、绿色、黄色,以及粉红色、黄绿色、浅蓝色等,都是人们所喜欢的;而黑色电气石则大为逊色。

电气石晶体的大小也很重要,用于观赏的电气石晶体通常只有几厘米长,大晶体可达 1 米以上。1978 年,在巴西曾发现一个长 1.3 米、直径 0.4 米的大晶体;巴西还曾产出过一个长 1.09 米的紫红色电气石晶体,与石英共生,并带有岩石底座,在美国售价近 100 万美元。

色彩艳丽的电气石可作为宝石,被称作碧玺,是一种古老的宝石品种,在古代它相当珍贵。据有关资料记载,慈禧太后的墓葬中有一朵碧玺莲花,重三十六两八钱,价值 75 万两白银。

碧玺的名称很多,如在明清时期的一些书籍中,还有砒硒、碧霞玺、碧霞砒、碧霞希、碧洗、披耶西、辟邪玺等称呼。从这些名称来看,很可能是一种有音无字的外来语译音。个别名称则另有来历,据《古玩指南》引"博古续考"说:"唐太宗征西,得之毗耶国,后琢为玺,则辟邪玺。"因其"玺"是以"辟邪"(古代传说中的神兽)为纽,故名"辟邪玺"。

现在,碧玺仍属中高档宝石。粉红色碧玺作为 10 月生辰石,象征美好希望和幸福的到来。

5.12.3　产状与产地

电气石主要是气化-热液作用的产物,可形成于花岗伟晶岩和气化高温热液矿脉中,也见于云英岩、高温石英脉、大理岩和结晶片岩中。但宝石级的和用于观赏的电气石晶体,主要产于花岗伟晶岩和气化高温热液矿脉中。

我国的电气石产地很多,如新疆、内蒙、云南、甘肃、河南、广东、四川、陕西等。其中新疆是我国最主要的电气石产地,且多产于花岗伟晶岩型矿床中,一部分与气化高温热液型矿床有关。

世界上其他许多国家也都产电气石,如巴西、美国、意大利、俄罗斯、尼加拉瓜、纳米比亚、马达加斯加、坦桑尼亚、津巴布韦、肯尼亚、斯里兰卡、缅甸、阿富汗、巴基斯坦、印度、英国、德国、法国,等等。其中较著名的有巴西、美国、意大利等。

5.13

黄玉(托帕石)

5.13.1　基本特征

1. 化学成分

黄玉(Topaz)又名黄晶,是一种铝的硅酸盐矿物,化学式为 $Al_2[SiO_4](F,OH)_2$,F

和OH的比值是变化的,从3:1到1:1。成分中还常含有铬、锂、铍、镓、锗、铊等微量元素。

2. 晶系和晶体形态

黄玉属斜方晶系(也称正交晶系)。晶体大多呈柱状(见图5-16),往往由多个菱方柱和菱方锥相聚而成,柱面上常有纵纹。

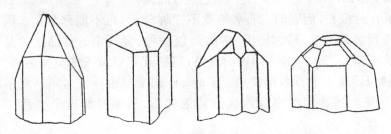

图5-16 黄玉的晶体形态

3. 基本性质

(1) 颜色:黄玉的颜色多种多样,通常为无色,因含其他元素可呈黄色、蓝色、红色、绿色、紫色、褐色等。

(2) 光泽:玻璃光泽。

(3) 透明度:透明至半透明。

(4) 解理:{001}解理完全。

(5) 摩氏硬度:8。

(6) 密度:3.53 g/cm³。

(7) 光性:非均质体,二轴晶,正光性。

(8) 多色性:有色者弱至中等。

(9) 折射率:$Np = 1.607 \sim 1.629$,$Nm = 1.610 \sim 1.631$,$Ng = 1.617 \sim 1.638$。

5.13.2 鉴赏

1. 鉴别特征

斜方柱状晶形,柱面常有纵纹。硬度大,垂直 c 轴(即长轴)解理完全。

2. 观赏价值

人们大都喜欢那些色彩艳丽的黄玉,但对蓝色黄玉往往心存疑虑,因为在宝石市场上有一种人工改色而呈蓝色的黄玉。用于观赏的黄玉晶体,通常为几厘米至十几厘米,且晶形完美或较完美。河床中的卵石状黄玉可作宝石,但不宜作观赏石。黄玉晶簇十分少见,因而尤显珍贵。已知最大的黄玉晶体质量达 400 kg,产自巴西。

古代民间流传的黄宝石,是指自然界产出的所有呈黄色的宝石,包括黄色软玉、黄色蓝宝石、黄水晶和黄玉四种。后来"黄宝石"一名演变成专有名称,专指宝石级的黄玉单晶体,现在"黄宝石"一名已被废除。

黄玉作为宝石,但它的宝石名称既不能称黄玉,也不能称黄晶。因为宝石中的黄玉指的是软玉(即和田玉)中的黄色品种,宝石中的黄晶指的是黄色的水晶。为了避免产生同名不同物的现象,国标规定以黄玉的英文名称"Topaz"译音"托帕石"作为宝石名称使用。Topaz 一词最早由一位名叫亨克尔的人在 1737 年用来描述德国萨克森地区的黄玉宝石,从那时起这个名称一直沿用至今。

黄色的黄玉宝石为世人所喜爱,相传古希腊国王曾把一粒 168 克拉(约 34 g)的黄玉当作钻石,镶嵌在自己的王冠上,由此而显赫一时。我国古代的一些书籍,如战国末期吕不韦的《吕氏春秋》,西汉《礼记》《淮南子》,明代周履靖的《夷门广牍》,李时珍的《本草纲目》,宋应星的《天工开物》等,都有"黄玉"或"黄宝石"的记述,其中大多是指黄色的玉石或黄色的其他矿物晶体。据赵松龄先生分析,宋应星《天工开物》中对黄色宝石有"木难"、"酒黄"之称,这有可能指的是黄玉(即 Topaz)。

在观赏石中,我们仍以矿物名称"黄玉"称之,为了避免名称上的混乱,可将软玉中的黄色品种改称为"黄色软玉"。

黄玉(托帕石)和黄水晶一同作为 11 月生辰石,象征真挚的爱。

5.13.3　产状与产地

黄玉是典型的气化-热液成因,主要产于花岗伟晶岩、高温气化-热液矿脉以及与花岗岩有关的云英岩中。

我国的黄玉主要产于内蒙、新疆、云南。此外,甘肃、四川、广东、福建等地也有产出。

世界上产黄玉的国家首推巴西,其次为德国、俄罗斯、美国。其他国家如英国、法国、墨西哥、纳米比亚、津巴布韦、缅甸、斯里兰卡、印度、巴基斯坦、澳大利亚等也有产出。

5.14

石　榴　石

5.14.1　基本特征

石榴石（Garnet）是矿物族的名称，全称为石榴子石，因其晶体形态颇似石榴籽，故名。石榴石族包括六个不同的品种。优质石榴石可作为宝石，达不到宝石级别、晶形完美或较完美者也可作为观赏石。

1. 化学成分

石榴石的一般化学式可用 $X_3Y_2[SiO_4]_3$ 表示，其中 X 代表二价阳离子，主要是 Ca^{2+}、Mg^{2+}、Mn^{2+}、Fe^{2+}；Y 代表三价阳离子，主要为 Al^{3+}、Fe^{3+}、Cr^{3+}。

根据二价阳离子和三价阳离子的特征，可将石榴石分为两类：一类是二价阳离子不同，三价阳离子均为 Al^{3+}，称为铝系石榴石；另一类是二价阳离子均为 Ca^{2+}，三价阳离子不同，称为钙系石榴石。具体种属如下：

$$铝系石榴石\begin{cases}镁铝榴石\ Mg_3Al_2[SiO_4]_3 \\ 铁铝榴石\ Fe_3Al_2[SiO_4]_3 \\ 锰铝榴石\ Mn_3Al_2[SiO_4]_3\end{cases}$$

$$钙系石榴石\begin{cases}钙铝榴石\ Ca_3Al_2[SiO_4]_3 \\ 钙铁榴石\ Ca_3Fe_2[SiO_4]_3 \\ 钙铬榴石\ Ca_3Cr_2[SiO_4]_3\end{cases}$$

石榴石的类质同像非常广泛，在同一系列内部可形成以任意比例替代的完全类质同像，在两个系列之间也能形成有限替代的不完全类质同像。所以自然界产出的石榴石，无论哪一个种属，其化学成分都是不纯的。此外，石榴石中还可以含有 Ti、V、P、Y 等元素。当二氧化硅不足时，还可以出现四个 $(OH)^-$，替代部分 $[SiO_4]^{4-}$，形成水榴石。含铬的绿色钙铁榴石亚种称为翠榴石，富含钛的褐黑色钙铁榴石亚种称为黑榴石。

2. 晶系和晶体形态

等轴晶系。常形成完好的晶形，多呈菱形十二面体和四角三八面体，或两者的聚形（见图 5-17）。

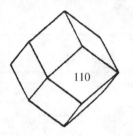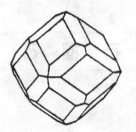

图 5 - 17　石榴石的晶形

3. 基本性质

（1）颜色：除蓝色外，石榴石可有各种颜色。如血红色、玫瑰红色、粉红色、暗红色、紫红色、橙红色、黄色、黄绿色、绿色、褐色等。

（2）光泽：玻璃光泽。

（3）透明度：透明至半透明。

（4）解理和裂理：无解理，可有{110}裂理。

（5）摩氏硬度：6.5～7.5。

（6）密度：变化范围较大，3.61～4.15 g/cm³。

（7）光性：均质性。可有光性异常，表现为弱的双折射。

（8）多色性：无。

（9）折射率：1.714～1.850，钙铁榴石在 1.888～2.010。

（10）其他：可具变色效应（稀少）。

5.14.2　鉴赏

1. 鉴别特征

晶体形态很像石榴籽，玻璃光泽，硬度高。

2. 观赏价值

首先是晶体形态，完美的菱形十二面体和四角三八面体，以及它们的聚形、平行连晶等，都普遍受欢迎。那些不仅晶形美，而且颜色艳丽，透明度高，颗粒粗大的石榴石，是难得的珍品，具有极高的观赏价值。

石榴石作为宝石，曾名紫牙乌。相传"紫牙乌"一名来源于阿拉伯语，古代阿拉伯语中的"牙乌"或"亚姑"含有"红宝石"之意，起初"紫牙乌"用来称呼紫红色或深红带紫色的石榴石，后来成为各色石榴石宝石的总称。现在"紫牙乌"一名被废除，国家标准规定以矿物名称石榴石作为宝石名称使用。

石榴石是一种历史悠久的宝石品种,在埃及的古墓中就出土有用石榴石制作的项饰品。《圣经》里称石榴石为"红宝石"或"红玉石"。在欧洲早期的神话里,传说石榴石在黑暗中会发光。几千年来,各色石榴石被认为是信仰、坚贞和纯朴的象征。传说石榴石具有治病救人的功效,旅游者佩戴它可以走得更远,还可增强体质,确保在旅途中平安无事。

现今世界上流行生辰石,许多国家都将颜色如红葡萄酒般的石榴石作为1月生辰石,象征忠实和友爱。

5.14.3 产状与产地

石榴石是多成因矿物,在岩浆岩和变质岩中都可以形成,分布较为广泛。不同的种属,产状也有所不同。镁铝榴石产于金伯利岩、榴辉岩、橄榄岩等。铁铝榴石产于花岗岩的内接触带及结晶片岩、片麻岩、榴辉岩、变粒岩和某些角闪岩。锰铝榴石较少见,产于花岗岩的内接触带及伟晶岩、结晶片岩、石英岩。钙铝榴石产于矽卡岩,在区域变质的钙质岩石中也有产出。钙铁榴石产于矽卡岩,亚种黑榴石产状比较特殊,主要产于碱性岩浆岩。钙铬榴石是一种罕见的石榴石,常与铬铁矿共生于蛇纹岩中,也产于接触变质的石灰岩。

我国的石榴石产地很多,如河北、河南、山东、山西、内蒙、新疆、陕西、青海、甘肃、辽宁、吉林、江苏、浙江、福建、广东、广西、湖南、湖北、云南、贵州,等等,遍布祖国二十几个省区。

国外也有许多产地,如美国、巴西、俄罗斯、南非、马达加斯加、澳大利亚、意大利、印度、墨西哥、阿富汗、巴基斯坦,等等。

5.15

辉 锑 矿

5.15.1 基本特征

辉锑矿(Stibnite)是提炼有色金属锑最重要的矿物原料。其柱状单晶体和晶簇可作为观赏石。

图 5 - 18 辉锑矿的晶形

1. 化学成分

辉锑矿是锑的硫化物矿物，其化学式为 Sb_2S_3，可含少量 As、Bi、Pb、Fe、Cu 等，其中绝大部分为机械混入物。

2. 晶系和晶体形态

斜方晶系。单晶体常呈细长柱状或针柱状，柱面上具有明显的纵纹（见图 5 - 18），较大的晶体常常弯曲。也常呈晶簇产出。

3. 基本性质

(1) 颜色：铅灰色，晶面上常有暗蓝色的锖色。条痕呈黑色。

(2) 光泽：金属光泽。

(3) 透明度：不透明。

(4) 解理：{010} 解理完全。解理面上常有横向聚片双晶条纹。

(5) 摩氏硬度：2。

(6) 密度：$4.6\ g/cm^3$。

(7) 其他：性脆，易碎。

5.15.2 鉴赏

1. 鉴别特征

铅灰色，金属光泽，不透明，柱状晶形，柱面上具有明显纵纹。将 KOH 溶液滴在辉锑矿上面，立刻呈现黄色，随后变为橘红色，以此区别于与它极为相似的辉铋矿。

2. 观赏价值

长柱状晶形犹如出鞘的利剑，金属光泽，亮光闪闪，以及千姿百态的晶簇，都具有很高的观赏价值。

5.15.3 产状与产地

产于中低温热液矿床中，形成温度低于 250℃。主要富集于由辉锑矿单一矿化的石英脉或碳酸盐矿层中。在一些矿化较复杂的热液矿脉内，与辰砂、雄黄、雌黄、硫锑铅矿、脆硫锑铅矿、黄铁矿、方铅矿等矿物共生。

我国湖南省和贵州省产有完好的辉锑矿单晶和晶簇，晶体长度一般在 5～30 cm，最长超过 50 cm，深受国内外赏石界人士青睐。

国外如美国、罗马尼亚、意大利、法国、日本等,也都有辉铋矿单晶和晶簇产出。

5.16

辉 铋 矿

5.16.1　基本特征

辉铋矿(Bismuthinite)是提炼有色金属铋最重要的矿物原料,其柱状、针状单晶体和晶簇可作为观赏石。

1. 化学成分

辉铋矿是铋的硫化物矿物,其化学式为 Bi_2S_3,成分中常有 Pb、Cu、Sb、Se 等元素。

2. 晶系和晶体形态

斜方晶系。晶形与辉锑矿相似,常呈长柱状至针状,晶面上大多具有纵纹。也常呈晶簇产出(见图 5-19)。

3. 基本性质

(1) 颜色:微带铅灰的锡白色。表面常出现黄色或斑状锖色。条痕铅灰色。

(2) 光泽:金属光泽。

(3) 透明度:不透明。

(4) 解理:平行{010}解理完全。

(5) 摩氏硬度:2~2.5。

(6) 密度:6.8 g/cm³。

图 5-19　针状辉铋矿和立方体黄铁矿晶簇(据　郭克毅)

5.16.2　鉴赏

1. 鉴别特征

晶体形态与辉锑矿极为相似,但辉铋矿的颜色较浅、光泽较强、密度较大。最主要的鉴别特征是辉铋矿与 KOH 溶液不起反应。

2. 观赏价值

明亮的金属光泽,如剑似刺的晶体形态,看上去寒光闪闪、锋芒毕露。由晶形完美的辉铋矿(白色)和黄铁矿(黄色)或其他矿物组成的晶簇,观赏价值更高。

5.16.3　产状与产地

主要产于高、中温热液矿床和接触交代矿床中,极少形成辉铋矿的单独矿床。在钨锡石英脉高温热液矿床中与黑钨矿、锡石、毒砂等共生;在火山热液成因的矿床中与自然铋、纤锡矿、黝锡矿等共生。在氧化带辉铋矿易转变为泡铋矿、铋华等含铋的次生矿物,并常以辉铋矿的晶形成假像出现。

我国广东有辉铋-黄铁矿石英脉型矿床,产有针状辉铋矿和立方体黄铁矿晶簇。湖南有铅锌铋多金属矿床。

5.17
黄　铁　矿

5.17.1　基本特征

1. 化学成分

黄铁矿(Pyrite)化学式为 FeS_2,成分中常有 Co、Ni 以类质同像替代 Fe,此外还常含有 Sb、Cu、Au、Ag 等机械混入物。

2. 晶系和晶体形态

等轴晶系。晶体常呈立方体和五角十二面体,有时也呈八面体以及它们三者组成的聚形(见图 5-20)。在立方体晶面上常可见到晶面条纹,两相邻晶面上的条纹方向相互垂直。双晶依(110)形成"铁十字"贯穿双晶(见图5-21)。

3. 基本性质

(1) 颜色:浅黄铜色,表面常有锈色。条痕绿黑色。

(2) 光泽:金属光泽。

(3) 透明度:不透明。

(4) 解理与断口:无解理。参差状断口。

(5) 摩氏硬度:6～6.5。

(6) 密度:4.9～5.2 g/cm³。

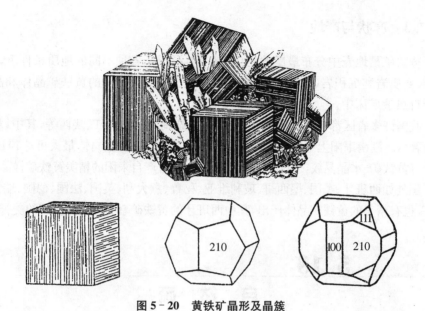

图 5 - 20　黄铁矿晶形及晶簇

（7）其他：性脆。

5. 17. 2　鉴赏

1. 鉴别特征

黄铁矿以其晶体形态、晶面条纹、颜色和硬度等为鉴别特征，区别于黄铜矿、磁黄铁矿等。

2. 观赏价值

完好的晶体形态、黄金般的颜色及明亮的金属光泽，赢得人们的喜爱，黄铁矿晶簇和"铁十字"双晶，观赏价值更高。

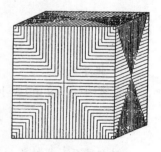

图 5 - 21　黄铁矿的铁十字双晶

黄铁矿因具有黄金般的颜色，又称"假黄金"、"愚人金"。它和白铁矿（FeS_2，斜方晶系）属同质多像变体。有的宝石学书籍上将黄铁矿作为宝石，其实现在宝石市场上见不到黄铁矿饰品，确切地说，黄铁矿单晶和晶簇是观赏石中的一个常见品种。工业上也并不是用黄铁矿炼铁，而是用来制取硫酸和硫黄，黄铁矿是提取硫的主要矿物原料。在半导体矿石收音机上，黄铁矿被用作无线电检波器。

5.17.3　产状与产地

黄铁矿是地壳中分布最广的硫化物矿物,形成于各种不同的地质条件下,在岩浆岩、变质岩和沉积岩(包括煤层)中均可出现。作为观赏石的黄铁矿晶体和晶簇,多产自热液矿床中。

我国许多省区都有美观的黄铁矿产出,如湖南、湖北、浙江、陕西等,其中以湖南最为著名。湖南耒阳上堡硫铁矿产出的黄铁矿晶体,多呈立方体,最大可达40 cm,并且产有黄铁矿-水晶晶簇,中国地质博物馆即收藏有产自耒阳的精美黄铁矿样品。

国外如西班牙、美国、墨西哥、玻利维亚、秘鲁、意大利、英国、法国、德国、瑞士、瑞典等,也有精美的黄铁矿晶体产出,其中西班牙的黄铁矿享有"全球之最"的美誉。

5.18

自　然　硫

5.18.1　基本特征

1. 化学成分

自然硫(Sulphur)属于自然元素类矿物,化学式为 S,成分中可含有少量 Se、As、Te 等。

2. 晶系和晶体形态

斜方晶系。晶体常呈双锥状或厚板状,由菱方双锥、菱方柱和平行双面等单形组成(见图 5-22),有时呈精美的晶簇产出。

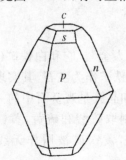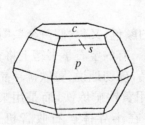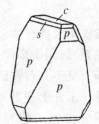

图 5-22　自然硫的晶体形态

3. 基本性质

(1) 颜色：鲜艳的柠檬黄色至棕黄色。

(2) 光泽：晶面呈金刚光泽，断面呈油脂光泽。

(3) 透明度：透明至半透明。

(4) 解理与断口：解理不完全。断口呈贝壳状。

(5) 摩氏硬度：1~2。

(6) 密度：$2.05 \sim 2.08 \ g/cm^3$。

(7) 光性：非均质体，二轴晶，正光性。

(8) 折射率与色散：$Ng=2.245$，$Nm=2.038$，$Np=1.958$，双折射率 0.287，色散值 0.155。

(9) 其他：性脆，易碎。

5.18.2　鉴赏

1. 鉴别特征

自然硫以其柠檬黄色、棕黄色、金刚光泽、硬度低、性脆为鉴别特征。

2. 观赏价值

完美的晶体形态和晶簇，以及明亮的光泽和鲜艳的颜色，都具有很好的观赏性。

5.18.3　产状与产地

自然硫主要产于由火山作用和生物化学作用形成的硫矿床。世界上不少国家都有自然硫产出，但产有完美晶体及晶簇的国家较少，主要有乌兹别克斯坦、意大利、智利、墨西哥、美国等。

5.19

自　然　铜

5.19.1　基本特征

1. 化学成分

自然铜(Copper)化学式为 Cu，成分中可含 Au、Ag、Fe 等混入物。

图 5 – 23　自然铜晶簇(据　郭克毅)

2. 晶系和晶体形态

等轴晶系。单晶体呈立方体、八面体和菱形十二面体(见图 5 – 23),但很少见。依(111)成双晶。集合体常呈不规则树枝状。由自然铜晶体连生在一起形成的晶簇,其形态多种多样,有的形态非常奇特,蜿蜒起伏,犹如雄伟的万里长城。

3. 基本性质

(1)颜色:铜红色。表面常有褐色的锈色。条痕铜红色。

(2)光泽:金属光泽。

(3)透明度:不透明。

(4)解理与断口:无解理。断口呈锯齿状。

(5)摩氏硬度:2.5～3。

(6)密度:8.5～8.9 g/cm^3。

(7)其他:具延展性。

5.19.2　鉴赏

1. 鉴别特征

铜红色,富延展性,密度大。溶于稀的硝酸,加氨后溶液呈天蓝色。

2. 观赏价值

就立方体、八面体、菱形十二面体晶形而言,在等轴晶系的其他矿物中并不少见,但在自然铜这种矿物中出现,就显得非常珍贵,尤其是形态奇特的晶簇,更是可遇不可求。

5.19.3　产状与产地

自然铜形成于各种地质过程中的还原条件下,最为常见的是形成于含铜硫化物矿床的氧化带,系含铜硫化物氧化后所形成的硫酸铜溶液,被其他硫酸盐或硫化物所还原。其反应式为:

$$CuSO_4 + 2FeSO_4 \longrightarrow Cu + Fe_2[SO_4]_3$$

此外,自然铜也产于基性岩浆岩以及与火山热液作用有关的岩石和富含有机质、沥青质的沉积岩。

我国安徽省产有 2 cm 的树枝状自然铜。美国产有直径 1.2～1.5 cm 的八面体自然铜和直径 2 cm 的菱形十二面体自然铜,以及达 21 cm 的树枝状自然铜。

5.20

透 视 石

5.20.1　基本特征

1. 化学成分

透视石(Dioptase)又名绿铜矿、翠铜矿,是一种含水的铜的硅酸盐矿物,其化学式为 $Cu_6[Si_6O_{18}] \cdot 6H_2O$,成分中可含有 Fe、Ca 等元素。

2. 晶系和晶体形态

三方晶系。晶体呈菱面体和柱状(见图5-24),通常呈粒状。

3. 基本性质

(1) 颜色:翠绿色、蓝绿色。

(2) 光泽:玻璃光泽。

(3) 透明度:透明至半透明。

(4) 解理:{$10\bar{1}1$}菱面体解理完全。

(5) 摩氏硬度:5。

(6) 密度:3.5 g/cm³。

(7) 光性:非均质体,一轴晶,正光性。

(8) 多色性:弱。

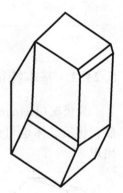

图 5 - 24　透视石的晶体形态

(9) 折射率:No＝1.644～1.658,Ne＝1.697～1.709,双折射率为0.053,色散值 0.036。

5.20.2　鉴赏

1. 鉴别特征

透视石以其晶体形态、菱面体解理和较低的硬度,区别于祖母绿。

2. 观赏价值

主要在于晶形、颜色、透明度和晶体大小。透视石是一种少见矿物,已知的大晶体长度仅为 5 cm,因此大颗粒的晶体更显珍贵。

透视石因具有祖母绿般的漂亮绿色和较好的透明度,被作为宝石。但它的硬度较低,且具有完全的菱面体解理,很难加工成刻面宝石饰品,故将其作为观赏石更合适。

5.20.3 产状与产地

产于铜矿床中。主要产出国有纳米比亚、刚果(金)、刚果(布)、智利、阿根廷、罗马尼亚、美国等。其中纳米比亚产出的透视石晶体最为精美,呈翠绿色的透明晶体。

5.21

异 极 矿

5.21.1 基本特征

异极矿(Hemimorphite)晶体的两端不对称,呈明显的"异极"形态,故名异极矿。优质晶体也可作为宝石,但很少见。常呈有观赏价值的各种集合体形态出现。

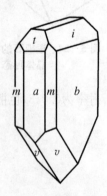

图 5 - 25 异极矿的晶体形态

1. 化学成分

异极矿是一种锌的硅酸盐矿物,而且是主要的含锌矿物之一,工业上用来提炼金属锌。其化学式为 $Zn_4[Si_2O_7](OH)_2 \cdot H_2O$,常含有 Pb、Fe 等元素。

2. 晶系和晶体形态

斜方晶系。单晶体常呈平行{010}发育的板状或锥状,其 c 轴上下两端可由不同的晶面组成(见图 5 - 25)。双晶依(001)常见。集合体常呈放射状、绒球状、肾状或钟乳状,也呈细粒集合体或土状集合体产出。

3. 基本性质

(1)颜色:通常呈白色或无色,有时呈绿色、蓝色、黄色、棕色等。

(2) 光泽：玻璃光泽。(001)面上有时显珍珠光泽。

(3) 透明度：透明至半透明。

(4) 解理：具有{110}完全解理和{101}不完全解理。

(5) 摩氏硬度：4.5～5。

(6) 密度：3.4～3.5 g/cm³。

(7) 光性：非均质体，二轴晶，正光性。

(8) 折射率：$Np=1.614, Nm=1.617, Ng=1.636$。

(9) 其他：具强热电性。

5.21.2 鉴赏

1. 鉴别特征

异极矿与菱锌矿(锌的碳酸盐矿物)相似，区别在于后者遇冷稀盐酸起泡，异极矿在盐酸中可溶但不起泡。

2. 观赏价值

完美的晶体形态，鲜艳的色彩，以及形态美观的集合体，都具有很高的观赏价值。

5.21.3 产状与产地

异极矿一般是闪锌矿(ZnS)受到氧化后形成的次生矿物，与菱锌矿、白铅矿、褐铁矿等共生。经常可见到异极矿与菱锌矿混杂在一起产出。

异极矿的产地很多，如墨西哥、美国、英国、德国、意大利、奥地利等。墨西哥产的宝石级异极矿，晶体长达数厘米，且透明度好。

5.22

白 钨 矿

5.22.1 基本特征

白钨矿的英文名称 Scheelite 来自瑞典化学家、钨的发现者 K. W. Scheele。白钨矿在工业上是提炼钨的重要矿物原料。优质的白钨矿晶体也可作为宝石。

1. 化学成分

白钨矿是钙的钨酸盐矿物,又名钙钨矿,其化学式为 $Ca[WO_4]$,成分中常含有 Mo,偶含有 Cu。

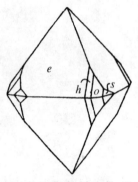

图 5-26　白钨矿的晶形

2. 晶系和晶体形态

四方晶系。单晶体常呈近于八面体的四方双锥及聚形(见图 5-26),多数聚形以{112}或{101}最为发育,其晶面上常有斜的条纹;也见有沿{001}发育的板状晶形。双晶依(110)常见。

3. 基本性质

(1) 颜色:通常为白色,有时可带浅黄、浅绿、浅紫、浅褐等色。

(2) 光泽:油脂光泽或金刚光泽。

(3) 透明度:透明至半透明。

(4) 解理与断口:{111}解理中等。参差状断口。

(5) 摩氏硬度:4.5～5。

(6) 密度:6.1 g/cm³。

(7) 光性:非均质体,一轴晶,正光性。

(8) 折射率:$No=1.920,Ne=1.937$。

(9) 其他:性脆。在紫外线照射下,多发浅蓝色或黄白色荧光。

5.22.2　鉴赏

1. 鉴别特征

以颜色浅,密度大,四方双锥状晶形,以及光泽和荧光性等为鉴别特征。

2. 观赏价值

完美的四方双锥状晶形和粗大的颗粒,以及黄、绿、紫、褐等色彩,是白钨矿的观赏价值所在。白钨矿的单晶体粒度一般都较细小,用于观赏的晶体通常为几毫米至几厘米,我国产的最大的白钨矿晶体粒径也只有5 cm,平行连晶达15 cm。世界上已知的最大白钨矿晶体其两锥尖间的粒径为32.5 cm(产自日本)。

5.22.3　产状与产地

白钨矿主要产于接触交代矿床中,或产于气化-高温热液矿脉及蚀变围岩中,也产于伟晶岩中。产于接触交代矿床中的白钨矿与石榴石、透辉石、符山石、萤石、辉钼矿等共生。产于气化-高温热液矿脉中的白钨矿与黑钨矿、锡石等共生。

我国的钨矿世界著名,白钨矿主要产自湖南和江西,此外云南、广东、四川、辽宁等地也有产出。

世界上产白钨矿的国家还有日本、韩国、俄罗斯、美国、英国、瑞士、意大利、西班牙、秘鲁、墨西哥、澳大利亚等。

5.23

锡　石

5.23.1　基本特征

锡石(Cassiterite)是提炼锡的最重要的矿物原料。优质的锡石晶体可作为宝石,但很少见。作为观赏石的锡石,不一定要求达到宝石级别,只要晶形完美、双晶形态好,都可用来观赏。

1. 化学成分

锡石是锡的氧化物矿物,其化学式为 SnO_2,常含 Fe、Ti、Nb、Ta、W 等元素。

2. 晶系和晶体形态

四方晶系。晶体常呈四方双锥{111}、{101}和四方柱{110}、{100}的聚形(见图 5-27)。以(101)为双晶面的膝状双晶常见(见图 5-28)。

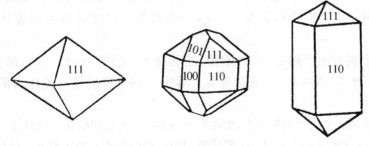

图 5-27　锡石的晶体形态

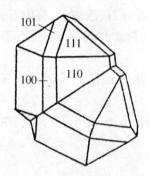

图 5-28 锡石的膝状双晶

3. 基本性质

（1）颜色：一般为红褐色，也有黄色、褐色、黑色等，无色透明者极为少见。

（2）光泽：金刚光泽，断口呈油脂光泽。

（3）透明度：透明至半透明，透明度随颜色深浅而异，黑色者近于不透明。

（4）解理与断口：{110}解理不完全。贝壳状断口。

（5）摩氏硬度：6～7。

（6）密度：6.8～7.0 g/cm³。

（7）光性：非均质体，一轴晶，正光性。

（8）折射率与色散：$No=1.996$，$Ne=2.093$，色散值 0.071。

（9）其他：性脆。

5.23.2 鉴赏

1. 鉴别特征

锡石易与金红石、锆石相混淆，区别在于锡石的密度大于金红石（4.26～4.30 g/cm³）和锆石（4.6～4.7 g/cm³）。

2. 观赏价值

明亮的金刚光泽，完美的晶体形态，尤其是膝状双晶，具有较高的观赏价值。

5.23.3 产状与产地

主要产于酸性火成岩，例如花岗岩、花岗伟晶岩以及与之有关的气化-热液变质岩中，共生矿物有黄晶、电气石、萤石等。有时锡石也和硫化物产在一起。

世界上锡石的产地很多，如中国、玻利维亚、美国、英国、德国、澳大利亚、俄罗斯、西班牙、西南非洲、墨西哥等。其中玻利维亚的锡石晶体有的直径达7.5 cm。

我国是世界上主要的锡石产出国之一，云南、广西所产的锡石晶体十分引人注目，四方锥柱状晶体最大可达 10 多厘米，并有完美的膝状双晶产出。此外，江西、湖南也产有很好的锡石晶体。

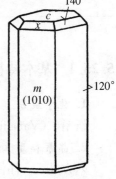

图 5-29　磷氯铅矿的
晶体形态

5.24

磷 氯 铅 矿

5.24.1　基本特征

1. 化学成分

磷氯铅矿(Pyromorphite)是一种铅的磷酸盐矿物,其化学式为 $Pb_5[PO_4]_3Cl$,常含有 CaO、As_2O_5、Cr_2O_3 等,偶含有 V_2O_5。

2. 晶系和晶体形态

六方晶系。单晶体常呈六方柱状(见图5-29)或厚板状,集合体在洞穴中常成晶簇出现,有时也呈放射状排列构成小球体。

3. 基本性质

(1) 颜色:颜色多种多样,绿色、黄绿色、黄色、鲜红色、橘红色、褐红色、灰白色等。

(2) 光泽:金刚光泽或油脂光泽。

(3) 透明度:半透明。

(4) 解理与断口:无解理。参差状断口。

(5) 摩氏硬度:3.5～4。

(6) 密度:7.04 g/cm³。

(7) 光性:非均质体,一轴晶,负光性。

(8) 折射率:$No=2.050$,$Ne=2.042$。

(9) 其他:性脆。

5.24.2　鉴赏

1. 鉴别特征

磷氯铅矿以其六方柱状晶形、金刚光泽或油脂光泽、密度大、透明度差和丰富的色彩为鉴别特征。

2. 观赏价值

磷氯铅矿虽说既含有铅又含有磷,但在工业上意义都不大。完美的晶形或晶簇,以及艳丽的色彩,都具有很好的观赏性,深受人们喜爱。磷氯铅矿的晶体一般都较小,用来观赏的晶体通常在 1 cm 左右,所谓的大晶体也只有 3～5 cm。

5.24.3 产状与产地

磷氯铅矿产于铅、锌硫化物矿床的氧化带中,是一种次生矿物,常与白铅矿 $Pb[CO_3]$、铅矾 $Pb[SO_4]$、菱锌矿 $Zn[CO_3]$、孔雀石 $Cu_2[CO_3](OH)_2$ 等共生。

我国的磷氯铅矿主要产自广西和陕西。广西产的磷氯铅矿晶体呈六方短柱状,粒径在 1 cm 以下,黄绿色,呈晶簇产出。

国外产地很多,如美国、德国、法国、英国、墨西哥、加拿大、俄罗斯、澳大利亚、西班牙,等等。

5.25

钒 铅 矿

5.25.1 基本特征

1. 化学成分

钒铅矿(Vanadinite)是一种铅的钒酸盐矿物,化学式为 $Pb_5[VO_4]_3Cl$。

2. 晶系和晶体形态

六方晶系。晶体呈六方柱状、针状或毛发状。也呈晶簇产出。

3. 基本性质

(1) 颜色:鲜红色、橙红色、浅褐红色、褐色、黄色等。

(2) 光泽:金刚光泽,断口树脂光泽。

(3) 透明度:透明至微透明。

(4) 解理:无解理。断口参差状。

(5) 摩氏硬度:2.5～3。

(6) 密度:6.66～6.88 g/cm³。

(7) 光性:非均质体,一轴晶,负光性。

(8) 折射率:属于高折射率,$No=2.42$,$Ne=2.35$。

(9) 多色性:弱,橙色,黄色。

(10) 其他:性脆,易碎。

5.25.2 鉴赏

1. 鉴别特征

钒铅矿以其六方柱状晶体,与钼铅矿、铬铅矿相区别。钒铅矿与磷氯铅矿同属六方晶系,晶体经常都呈六方柱状,区别在于磷氯铅矿常呈绿色、黄绿色,钒铅矿常呈红色、褐红色和黄色。

2. 观赏价值

钒铅矿的艳丽色彩,以及完美的六方柱状晶体和晶簇,具有很高的观赏和收藏价值,深受人们喜爱。

5.25.3 产状与产地

钒铅矿产于铅锌硫化物矿床的氧化带中,是一种次生矿物,常与白铅矿、铅矾、菱锌矿、孔雀石、蓝铜矿等共生。主要产地有摩洛哥、美国、俄罗斯等。

5.26

钼 铅 矿

5.26.1 基本特征

1. 化学成分

钼铅矿(Wulfenite)是一种铅的钼酸盐矿物,化学式为 $Pb[MoO_4]$。

2. 晶系和晶体形态

四方晶系。晶体呈四方双锥状或假八面体状、四方短柱状、薄板状、板状等。在集合体中呈粒状。也呈单晶或晶簇产出。

3. 基本性质

(1)颜色:有红色、橙色、黄色、浅黄色、黑色、无色等。

(2)光泽:金刚光泽,断口呈油脂光泽。

(3)透明度:透明至半透明。颜色深影响透明度。

(4)解理:具有{111}完全解理,{011}中等解理,{001}不完全解理。

(5)摩氏硬度:2.5～3。

(6) 密度：$6.5\sim7.0\ \mathrm{g/cm^3}$。

(7) 光性：非均质体，一轴晶，负光性。

(8) 折射率：属于高折射率，$No=2.40$，$Ne=2.28$。

(9) 多色性：弱。

(10) 其他：性脆，易碎。

5.26.2 鉴赏

1. 鉴别特征

钼铅矿与钒铅矿、铬铅矿，在颜色、光泽、硬度、密度等方面相同或相近。可根据晶体形态加以鉴别，钼铅矿为四方晶系，晶体常呈四方柱状，虽然经常长成歪晶，根据面角守恒定律和对称关系，可以将其与钒铅矿（六方柱）、铬铅矿（单斜晶系的柱状）加以区别。

2. 观赏价值

钼铅矿的艳丽色彩，以及附着在岩石基底的完美单晶或晶簇，都具有很高的观赏和收藏价值。

5.26.3 产状与产地

钼铅矿产于铅、锌、钼硫化物矿床的氧化带中，是一种次生矿物，与白铅矿、铅矾、孔雀石、蓝铜矿等共生。主要产地有美国、墨西哥、澳大利亚、欧洲、非洲等。

5.27

铬 铅 矿

5.27.1 基本特征

1. 化学成分

铬铅矿（Crocoite）是一种铅的铬酸盐矿物，化学式为 $Pb[CrO_4]$。

2. 晶系和晶体形态

单斜晶系。晶体呈柱状、锥状、板状等，也呈晶簇产出。

3. 基本性质

（1）颜色：有红色、橙色、黄色等。

（2）光泽：金刚光泽。

（3）透明度：半透明。

（4）解理：{110}解理中等。

（5）摩氏硬度：2.5～3。

（6）密度：6 g/cm³。

（7）光性：非均质体，二轴晶，正光性。

（8）折射率：属于高折射率，$Ng=2.66,Nm=2.37,Np=2.31$。

（9）多色性：橙红色至中红色。

（10）紫外荧光：短波下弱淡红至褐色荧光。

（11）吸收光谱：555 nm 处吸收带。

（12）其他：性脆，易碎。

5.27.2 鉴赏

1. 鉴别特征

铬铅矿与钼铅矿、钒铅矿，在颜色、光泽、硬度、密度等方面相同或相近。可根据晶体形态加以鉴别，铬铅矿为单斜晶系，其柱状晶体，不同于钼铅矿的四方柱和钒铅矿的六方柱。

2. 观赏价值

铬铅矿的艳丽色彩，以及完美或较完美的单晶体或晶簇，具有很高的观赏和收藏价值。

5.27.3 产状与产地

铬铅矿产于铅、锌（钼）硫化物矿床的氧化带中，是一种次生矿物。有专家认为，铬并非硫化物矿床的原有成分，可能来自围岩。铬铅矿与钼铅矿共生，不如钼铅矿分布广。主要产地是澳大利亚，产有优质橙色晶体。此外，俄罗斯也有产出。

5.28

蓝　铁　矿

5.28.1　基本特征

1. 化学成分

蓝铁矿（Vivianite）是一种含有结晶水的磷酸盐矿物，化学式为 $Fe_3[PO_4]_2 \cdot 8H_2O$。

2. 晶系和晶体形态

单斜晶系。晶体呈柱状、板状、针状等。集合体呈放射状、球状。

3. 基本性质

(1) 颜色：近于无色、浅蓝色、浅绿色、蓝绿色、深蓝色、蓝黑色等。

(2) 光泽：玻璃光泽，解理面呈珍珠光泽。

(3) 透明度：透明至半透明。

(4) 解理：具有{010}完全解理，{100}中等解理。

(5) 摩氏硬度：1.5～2。

(6) 密度：2.60～2.71 g/cm^3。

(7) 光性：非均质体，二轴晶，正光性。

(8) 折射率：$Ng=1.627\sim1.675$，$Nm=1.600\sim1.656$，$Np=1.579\sim1.616$。

(9) 多色性：强，暗钴蓝色至几乎无色。

(10) 其他：性脆，易碎。

5.28.2　鉴赏

1. 鉴别特征

以其单斜柱状、板状晶体，及硬度低、呈浅蓝色、蓝色、深蓝色以及蓝绿色为鉴别特征。

2. 观赏价值

完美的单晶体形态和放射状集合体，以及较好的透明度和不同深浅的蓝色等，具有很好的观赏和收藏价值。

5.28.3　产状与产地

蓝铁矿形成于还原条件下,是一种次生矿物。通常产于富含磷的沉积铁矿和泥炭中,并与菱铁矿及其他低价铁的矿物共生。优质蓝铁矿晶体产于玻利维亚和喀麦隆,此外在美国也有蓝铁矿产出。

5.29
菱锰矿(红纹石)

5.29.1　基本特征

1. 化学成分

菱锰矿(Rhodochrosite)是锰的碳酸盐矿物,化学式为 $Mn[CO_3]$。与方解石和菱铁矿分别成完全类质同像系列,也常含 Mg、Zn 等。

2. 晶系和晶体形态

三方晶系。单晶体呈$\{10\bar{1}1\}$菱面体(参见图 5-4,方解石的晶体形态)、片状、板状,通常呈粒状、块状。在以菱锰矿为主要矿物成分的集合体中,呈细粒状或隐晶状。钟乳状菱锰矿集合体的横断面上,可见同心环带状构造,犹如树木年轮一般。钟乳状菱锰矿不需要加工,直接用来观赏,属于少见品种。在肾状、块状集合体内部,通常也都具有纹带构造,作为玉石中的一个品种,常被加工成圆珠形、水滴形饰品,俗称红纹石。

3. 基本性质

(1)颜色:菱锰矿晶体呈玫瑰红色、深红色,随钙质增多,红色变浅。氧化后呈褐色、褐黑色。红纹石具有白色与粉红或粉红色与红色相间分布的纹带。

(2)光泽:玻璃光泽。

(3)透明度:透明至半透明。

(4)解理:平行$\{10\bar{1}1\}$(即菱面体六个面的三个方向)完全解理。

(5)摩氏硬度:3.5～4。

(6)密度:3.70 g/cm³。

(7)光性:非均质体,一轴晶,负光性。

(8)折射率:$No=1.816,Ne=1.597$,点测法常为 1.60。

(9) 化学性质：遇温的稀盐酸起泡。

(10) 其他：性脆，且易沿解理方向裂开。

5.29.2　鉴赏

1. 鉴别特征

菱锰矿以其菱面体解理完全，较低的硬度，遇温的稀盐酸起泡，与蔷薇辉石等玫瑰红色矿物相区别。与其他相类似的碳酸盐矿物的区别，以菱锰矿的玫瑰红色为鉴别特征。另外，在菱锰矿的风化表面或裂缝中，经常有黑色氧化锰存在。

对于单个菱锰矿晶体，需要注意的是，不要把菱面体解理块，误认为是天然菱面体晶体，二者的价值相差很大。区别是解理面较光滑；天然晶面上往往附着有微小矿物，不光滑。

2. 观赏价值

晶形完美，色彩鲜艳，透明的大颗粒菱锰矿单晶体，可遇不可求，片状、板状菱锰矿晶簇，以及钟乳状菱锰矿，都具有很高的观赏和收藏价值。那些具有美观纹带的红纹石，也是大家喜爱的一个品种。

5.29.3　产状与产地

菱锰矿有内生热液成因和外生沉积成因。内生热液成因，一是产于中低温热液铜、铅、锌矿脉中，与方解石、菱铁矿、萤石等共生；二是产于高温热液交代成因的矿床中，与蔷薇辉石、锰铝榴石等共生。沉积成因的菱锰矿产于沉积锰矿床中。

菱锰矿主要产于阿根廷、澳大利亚、德国、罗马尼亚、西班牙、美国、南非等地。我国广西、辽宁、江西、北京等地也有产出。

5.30
鱼　眼　石

5.30.1　基本特征

1. 化学成分

鱼眼石（Apophyllite）是一种含水的钾钙硅酸盐矿物，化学式为 $KCa_4[Si_4O_{10}]_2(F,OH)\cdot 8H_2O$。成分中的 K 可被 Na 部分替代。

2. 晶系和晶体形态

四方晶系。单晶体呈柱状、短柱状、假立方体状、板状，以及四方柱与四方锥组成的锥柱状等形态。

3. 基本性质

(1) 颜色：浅玫瑰红色、粉红色、浅绿色、浅黄绿色、黄色、灰白色、无色等。

(2) 光泽：玻璃光泽，解理面呈珍珠光泽。

(3) 透明度：透明至半透明。

(4) 解理：{001}完全解理，{110}中等解理。

(5) 摩氏硬度：4～5。

(6) 密度：2.3～2.4 g/cm^3。

(7) 光性：非均质体，多为一轴晶正光性，少数为一轴晶负光性；有的呈光轴角很小的二轴晶。

(8) 折射率：1.531～1.537，少数负光性鱼眼石折射率略高，1.535～1.545。

(9) 其他：性脆，且易沿解理方向破裂。

5.30.2 鉴赏

1. 鉴别特征

鱼眼石的四方晶系晶体形态，可作为鉴别特征。尤其是常见的四方柱与四方双锥形成的聚形晶体。四方柱与四方双锥以 L^4（柱状长轴方向）为轴错开 45°，外观形态表现为，四方柱顶面（本应呈正方形，由于常长成歪晶，多呈近于正方形的长方形），在其四条边的下方，各有一个倒三角形的晶面（即四方双锥的面），朝下的角正对着四方柱的菱。当四方柱与四方双锥反复交替生长，可形成完整的双锥柱状晶体，晶体的外观呈尖锥状，由一系列规则分布的柱面、锥面组成。此外，{001}完全解理和珍珠光泽，也可作为鉴别特征。

2. 观赏价值

鱼眼石艳丽的色彩，奇特、完美或近于完美的晶体形态，以及多姿的晶簇，都具有很高的观赏和收藏价值。

5.30.3 产状与产地

鱼眼石是一种多成因矿物，常由热液作用形成，产于玄武岩、花岗岩、片麻岩的孔洞中，与沸石、方解石共生，也可由硅灰石蚀变形成。

主要产地有印度、墨西哥、美国、加拿大、巴西、芬兰、德国、捷克和斯洛伐克等。

我国湖北黄石、江苏溧阳、辽宁、青海等地也有很好的鱼眼石单晶体和晶簇产出。

5.31
白 铅 矿

5.31.1 基本特征

1. 化学成分

白铅矿（Cerussiet）是一种铅的碳酸盐矿物,化学式为 $Pb[CO_3]$,可含有 Ca、Sr和 Zn。

2. 晶系和晶体形态

斜方晶系,属于文石亚族。单晶体呈板状、针柱状。板状晶体依(110)成三连晶,针柱状晶体可形成冰花状晶簇。集合体也呈块状、钟乳状。

3. 基本性质

(1) 颜色:白色、灰白色、无色、黄色、绿色等。

(2) 光泽:玻璃光泽至金刚光泽。

(3) 透明度:微透明至不透明。

(4) 解理:{110}和{021}不完全解理。

(5) 摩氏硬度:3～3.5。

(6) 密度:6.55 g/cm³。

(7) 光性:非均质体,$Ng=2.078$,$Nm=2.076$,$Np=1.804$,属于高折射率矿物。

(8) 其他:性极脆。

5.31.2 鉴赏

1. 鉴别特征

以其金刚光泽、密度大,产于铅、锌、(钼)矿床氧化带,常与其他次生的铜、锌、钼矿物共生,为鉴别特征。

2. 观赏价值

白铅矿少有艳丽的色彩,其板状晶体和双晶依(110)形成的三连晶,以及针柱状晶体组成的冰花状晶簇,具有很好的观赏和收藏价值。

5.31.3　产状与产地

　　白铅矿是方铅矿 PbS 在氧化带中形成的一种次生矿物。方铅矿在氧化带不稳定,转变为铅矾 Pb[SO$_4$],遇到碳酸水溶液,即可形成白铅矿。

　　应该说白铅矿并非稀少,只是完美或较完美的单晶体很少,尤其是极具观赏价值的晶簇更少。国外产地有非洲、美国等。我国广西阳朔岛坪就产有精美的白铅矿和磷氯铅矿晶簇。在黄绿色六方柱状磷氯铅矿集合体上,生长有白色针柱状白铅矿,白铅矿呈冰花状集合体。其颜色搭配巧妙、整体形态奇特,十分漂亮。

5.32

赤　铜　矿

5.32.1　基本特征

1. 化学成分

　　赤铜矿(Cuprite)是铜的氧化物矿物,化学式为 Cu$_2$O,常含自然铜机械混入物。

2. 晶系和晶体形态

　　等轴晶系。单晶体常呈八面体,较少呈立方体和菱形十二面体,偶见八面体或立方体与菱形十二面体形成的聚形。有时呈针状或毛发状。

3. 基本性质

　　(1)颜色:新鲜面呈鲜红色,通常呈红棕色、暗红色、深红色。

　　(2)光泽:金刚光泽至半金属光泽。

　　(3)透明度:微透明至不透明。

　　(4)解理:{111}不完全解理。

　　(5)摩氏硬度:3.5~4。

　　(6)密度:6.14 g/cm^3。

　　(7)光性:均质体,$N=2.85$。属于高折射率矿物。

　　(8)其他:性脆,易碎。

5.32.2　鉴赏

1. 鉴别特征

金刚光泽,鲜红、暗红的颜色,较低的硬度和较大的密度,以及晶体形态,可作为鉴别特征。

2. 观赏价值

赤铜矿鲜艳的红色和古朴的深红、暗红色,完美或较完美的晶体形态,及由针状、发丝状晶体形成的毛绒状集合体,都具有很好的观赏和收藏价值。

5.32.3　产状与产地

赤铜矿形成于外生条件下,主要见于铜矿床的氧化带,常与自然铜、孔雀石、蓝铜矿、硅孔雀石、褐铁矿等共生。我国江西、云南、甘肃等省都有产出。江西城门山产有完美的八面体赤铜矿,也有细如发丝的赤铜矿(俗称毛赤铜矿)晶簇。国外主要产地有法国、智利、澳大利亚、美国、玻利维亚等。

5.33

蓝　晶　石

5.33.1　基本特征

1. 化学成分

蓝晶石(kyanite)是一种铝的硅酸盐矿物,化学式为 $Al_2[SiO_4]O$,可含有 Cr、Fe、Ca、Mg、Ti 等元素。

2. 晶系和晶体形态

三斜晶系。晶体多呈长板状或柱状、片状。常见聚片双晶。集合体呈放射状。

3. 基本性质

(1) 颜色:常见浅蓝色至深蓝色,浅绿色、黄色、粉红色、黄褐色、灰色、无色等。

(2) 光泽:玻璃光泽,解理面上有时呈珍珠光泽。

(3) 透明度:透明至半透明。

(4) 解理:{100}完全解理,{010}中等到完全解理,另有平行{001}的裂理。

(5) 摩氏硬度：平行 C 轴方向 4～5，垂直 C 轴方向 6～7，表现出极其显著的各向异性，故蓝晶石又名二硬石。

(6) 密度：3.53～3.65 g/cm³。

(7) 光性：非均质体，二轴晶，负光性。

(8) 折射率：1.716～1.731。

5.33.2　鉴赏

1. 鉴别特征

以其颜色、晶形、不同方向显著的硬度差异，以及完全解理和发育的裂理，作为鉴别特征。

2. 观赏价值

蓝晶石不同深浅的蓝色，尤其是不多见的浅绿色、黄色、粉红色；完美或较完美的柱状、板状单晶体，以及放射状排列成花朵般的集合体，都具有很好的观赏和收藏价值。

5.33.3　产状与产地

蓝晶石是典型的区域变质矿物，多产于由泥质岩在较高压力条件下形成的变质岩，如片麻岩。也产于伟晶岩和蓝晶石石英脉。我国很多省区都有产出，如河北、山西、陕西、河南、江苏、新疆、内蒙、辽宁、吉林、云南、四川等。国外如美国、加拿大、爱尔兰、法国、印度、巴西等，也都有蓝晶石产出。

5.34

重　晶　石

5.34.1　基本特征

1. 化学成分

重晶石(Baryte)是钡的硫酸盐矿物，化学式为 $Ba[SO_4]$，常含有 Sr 和 Ca 元素。

2. 晶系和晶体形态

斜方晶系。常呈较为完好的单晶体产出，晶体多为平行于{001}的板状、厚板状，有的为沿 a 轴或 b 轴延伸的柱状。集合体呈晶簇状、钟乳状、结核状。

3. 基本性质

(1) 颜色：多呈无色或白色，也有红色、黄色、绿色、蓝色、褐色等。

(2) 光泽：玻璃光泽，解理面显珍珠光泽。

(3) 透明度：透明至半透明。

(4) 解理：具有$\{001\}$和$\{210\}$两组完全解理。

(5) 摩氏硬度：$3\sim4$。

(6) 密度：$4.5\,g/cm^3$。

(7) 光性：非均质体，二轴晶，正光性。

(8) 折射率：$Ng=1.648,Nm=1.637,Np=1.636$。

5.34.2 鉴赏

1. 鉴别特征

以其密度较大，硬度较小，板状、柱状晶体形态，及两组完全解理，可作为鉴别特征。

2. 观赏价值

重晶石红、黄、蓝、绿的色彩，完美或较为完美的晶体形态，晶簇及钟乳状、结核状集合体，具有较好的观赏和收藏价值。

5.34.3 产状与产地

重晶石可产于中、低、温热液金属矿脉中与硫化物矿物共生，或呈单一的重晶石脉产出。也见于岩石或矿床的风化带中，是一种次生矿物。在沉积锰矿、铁矿中，重晶石呈透镜体产出。我国四川、陕西、江西、湖南、广西、贵州等，都有重晶石产出。国外产地有加拿大、美国、英国、摩洛哥、奥地利、法国等，其中加拿大是重要产地。

5.35

榍　石

5.35.1 基本特征

1. 化学成分

榍石(Sphene)是钙和钛的硅酸盐矿物，化学式为$CaTi[SiO_4]O$，成分中常含有

Fe、Mg、Mn、Al、Ce、Y、OH、Cl、F 等。

2. 晶系和晶体形态

单斜晶系。单晶体常呈横切面为菱形的扁平信封状,有时也呈板状和柱状。双晶依(100)形成的简单接触双晶最为常见,也见有贯穿双晶。

3. 基本性质

(1) 颜色:黄色、绿色、橙色、褐色、黑色,偶有玫瑰红色和无色。

(2) 光泽:金刚光泽或玻璃光泽,有时为油脂光泽。

(3) 透明度:透明至不透明。

(4) 解理:{110}中等解理。并具有{221}裂理。

(5) 摩氏硬度:5~6。

(6) 密度:3.29~3.56 g/cm³。

(7) 光性:非均质体,二轴晶,正光性。

(8) 折射率:1.900~2.034 属于高折射率矿物。

(9) 其他:在 H_2SO_4 中能溶解。

5.35.2 鉴赏

1. 鉴别特征

多以单晶体产出,晶体常呈信封状,双晶以简单接触双晶最为常见,可作为鉴别特征。

2. 观赏价值

榍石鲜艳的颜色,如玫瑰红色、黄色、绿色、橙色,明亮的金刚光泽,完美或较完美的信封状、板状、柱状单晶体,以及简单的接触双晶或贯穿双晶,具有很好的观赏和收藏价值。

5.35.3 产状与产地

榍石是岩浆岩中很常见的一种副矿物,在中酸性深成岩,尤其是霞石正长岩类的碱性岩中最为常见,但粒度都很小。在这类岩石的伟晶岩中,可产有比较粗大的榍石晶体。此外在区域变质成因的片岩、片麻岩,在接触交代成因的矽卡岩,也都有榍石产出。

国外产地主要有瑞士、法国、加拿大、墨西哥、俄罗斯等。我国新疆、内蒙、福建、江苏等地也有榍石产出。

6.1
概　述

　　造型石是观赏石中最常见的一类，也是我国传统石文化最丰富、历史最悠久、评价标准和理论体系较为完善的一类。造型石的大小不一，大的可高达数米，小的二三十厘米，甚至更小。大型石体多置于园林或花园、庭院，中等大小的石体常置于厅堂内，而小型石体往往置于书斋或案头。

　　造型石中有很多名胜古石，如上海豫园的玉玲珑、苏州留园的冠云峰、上海嘉定汇龙潭公园的矗云峰、杭州江南名石苑的绉云峰、苏州的瑞云峰，等等。每一块名石都有一段不寻常的历史，有的还是受保护的文物。

　　古人爱石、赏石，以石会友、以石明志、以石为礼品的事例很多，这种传统风尚时至今日有了更加广泛的群众基础。一些学校、机关单位、宾馆、饭店、街头公共绿地、居民住宅小区等场所，都配置了观赏石，不仅美化了环境，又增加了城市的文化氛围，使得观赏石这一高雅艺术品，走近大众，亲近百姓。

　　在当代国与国交往中，观赏石也起着重要作用，如我国苏州市与美国波特兰市结为友好城市，苏州市政府将一块太湖石题名"奇石灵通"赠送给波特兰市，该石高 6 米、质量 16.2 吨，云头雨脚，似巨大的花蕾，寓意前途无限美好，成为中美两国人民友好的见证。

6

造型石

6.2

太 湖 石

太湖石(Taihu stone)因产于太湖地区而得名。狭义概念的太湖石,仅指产于环绕太湖的西洞庭山和宜兴一带的石灰岩造型石。而产于其他地方的与太湖石特征相同或基本相同的石体,则以各自的产地命名,或以产地参与命名。如产于安徽巢湖地区的称为巢湖石(又称巢湖太湖石)、产于广东英德市的称为英石(又称英德太湖石)、产于北京房山的称为北太湖石、产于山东临朐的称为临朐太湖石等。

实际上像太湖石这样的造型石,除上面提到的以外,在我国其他省区如浙江、福建、广西、云南、贵州、河北等地也有产出。可以说凡是有石灰岩出露的地方,只要水文地质条件具备,都可以形成此类观赏石。如果都以各自的产地命名,或以产地参与命名,势必造成同物不同名的混乱现象,显然这种命名方式有待进一步完善和统一。再则不少这类石体,其产地特征并不明显,一旦远离原产地,就难以鉴别出它究竟产自何处,而且大多数情况是没有必要查明原产地的。就如大家熟知的大理岩一样,产地并不参与命名,商业上也是以品质优劣论价,不强调是云南大理所产,还是其他什么地方所产。鉴于同样道理,与太湖石特征相同或基本相同的一类石体,都可称为太湖石,即广义概念的太湖石。

赏石界有人把广义太湖石定义为:"各地产的由岩溶作用形成的千姿百态、玲珑剔透的碳酸盐岩(如安徽灵璧石、广东英石、安徽巢湖石等),统称为广义太湖石。"这个定义和举例有两点值得商榷:一是"碳酸盐岩"范围太宽,如昆山石也属碳酸盐岩,但它是白云岩,主要由白云石组成,岩性与太湖石(石灰岩)不同,而且经历过后期硅化,孔洞中有小颗粒水晶晶簇形成,并不属于广义太湖石。二是岩性相同的造型石,其外观特征与评价标准也不尽相同。如灵璧石的"表面多沟壑,少孔洞凹陷"和"击之金声"等特征,与太湖石有明显区别,将灵璧石归入广义太湖石似有不妥。广义太湖石应该是指与太湖石的岩性、成因及外部形态等特征相同或基本相同的造型石。

在名称的使用上无须加"广义"二字,也不必加产地名称,如巢湖石(或巢湖太湖石),直接称太湖石即可。使用太湖石这一名称,可以借太湖石的名气,使那些本不著名的石体或新产地的石体提高身价,也便于交流。但是对于那些历史上著名品种的名称,如英石,应作为传统名称予以保留。

6.2.1 岩性特征与成因

太湖石的岩性为石灰岩,主要矿物成分为方解石 $Ca[CO_3]$,摩氏硬度3。岩石多呈灰色、灰白色,也见有粉白色、灰黑色等。石体上常见有白色方解石细脉和团块,偶尔也见有燧石结核或条带。燧石的颜色为灰黑色、黑色,摩氏硬度 $6\sim7$,成分为玉髓(SiO_2,即隐晶质石英)和蛋白石($SiO_2 \cdot nH_2O$,非晶质)。

产于太湖西洞庭山一带的石灰岩,其时代为石炭–二叠纪,距今3.5亿～2.25亿年前。由于石灰岩长期受到含二氧化碳水的溶蚀作用和波浪冲蚀作用,久而久之便形成了各种各样造型奇特、布满孔洞、曲折多变的太湖石。

6.2.2 太湖石品质优劣评价

在造型石中,唯有太湖石的评价标准相对较为成熟和统一。这主要是得益于宋代著名书画家、赏石家米芾(字元章)的相石法。但米公相石法的原论究竟是什么,未能找到原著(王贵生)。据宋代渔阳公的《渔阳石谱》记载,"元章相石之法有四语焉:曰秀曰瘦曰雅曰透,四者虽不能尽石之美,亦庶几……"任何一种理论,都有一个不断完善的过程,米公相石法也不例外。有人认为瘦、皱、漏、透四字诀,既是米公相石法,又是后人不断总结、不断完善形成的。赏石界还有将瘦、皱、漏、透、清、顽、丑、拙八字作为评价标准。也有将太湖石的评价标准归纳为:瘦、皱、漏、透、清、顽、丑、拙、怪、质、色、形、秀、奇、雄十五个字。这十五字评价标准过于繁杂,如果是对所有观赏石而言,则有待进一步探讨,用来评价太湖石就值得商榷。例如"拙"这一标准,有人明确指出,拙石多指花岗岩,即由球状风化作用形成的没有棱角呈浑圆状的花岗岩石体,或又大又笨之石。至于质和色,根据太湖石的岩石学特征,其质地都较为致密细腻,看不出有明显差别;太湖石也无鲜艳的色彩,这也是其岩性所决定的。

还有在瘦、皱、漏、透的基础上增加一个"秀",作为评价太湖石的标准,其实瘦中已包含了秀的意思。

综合太湖石的基本特征,本教材采用在瘦、皱、漏、透的基础上增加一个"奇",将瘦、皱、漏、透、奇作为太湖石的评价标准。

瘦:指石体苗条多姿,挺拔秀丽,有亭亭玉立之势。

皱:指石体表面多褶皱,呈现出有韵律的凹凸变化。

漏:指石体上布满大大小小的孔洞,且上下、左右、前后孔孔相通,曲曲折折,玲珑剔透。

透:指石体上孔洞多,与漏不同的是其孔洞多为前后方向通透,站在石体前方,可通过孔洞看到其后面的景物。

奇:指石体的造型奇特。有些石体在瘦、皱、漏、透方面欠佳,但整体造型奇特,如上海嘉定秋霞圃园内的古石"迎客僧",形似一老僧,成躬身作揖状,迎接客人到来(见图6-1)。

6.2.3　冠云峰、玉玲珑、瑞云峰、绉云峰

我国对太湖石的开发利用至少始于唐代,在白居易的《太湖石记》中有"石有聚族,太湖为甲,罗浮、天竺之石次焉"。另有唐吴融的《太湖石歌》称:"洞庭山下湖波碧,波中万古生幽石。铁索千寻取得来,奇形怪状谁能识。"

图6-1　迎客僧(据　王贵生)

北宋末年,徽宗皇帝赵佶(1082—1135)为修建宫殿和花园,派人到江南搜罗奇花异石,用船一批批运到东京汴梁,每十船组成一纲,称作"花石纲"。古代留存下来的名石中有些相传是花石纲遗石,如冠云峰、瑞云峰、玉玲珑等。

南宋范成大在其《太湖石志》中称:"太湖石,石生水中者良。岁久,波涛冲激,成嵌空石,……名曰弹窝,亦水痕也。"《明一统志》记载:"苏州府洞庭山在府城西一百三十里太湖中,出太湖石。以生水中为贵,形嵌空,性湿润,扣之铿然。在山上者枯而不润。"《清一统志》也载有苏州"鼋头山在县西南,亦洞庭支岭也,山产青石。有天然玲珑者,谓之花石"。

图6-2　冠云峰(据《中华奇石》)

太湖石是江苏省三大观赏石之一(另两种是雨花石和昆山石),也是我国古代著名四大玩石之一(另三种是灵璧石、英石和雨花石),自古以来太湖石都是我国园林石中的佼佼者,是造园的首选石种,所以在许多园林中都能见到太湖石的身影。

1. 冠云峰

冠云峰置于苏州留园,石体高650 cm,为江南四大名石之一(另三块是玉玲珑、瑞云峰、绉云峰),以瘦著称,瘦绝江南(见图6-2)。正视

峭削挺拔；峰顶似鹰，飞扑而下。侧视宛若观音送子(清代曾名观音峰)，亭亭玉立。相传冠云峰是朱勔采办的花石纲遗石。明代归陈司成所有，后归湖州董份，董把它作为女儿的嫁礼转女婿徐泰时，置入东园。盛康扩建留园时将冠云峰扩进了园内。园虽数易其主，石在原处始终未动。

由冠云峰衍生出了园内的冠云亭、冠云楼、冠云台及园外的冠云路、冠云楼饭店(三星级)等。其文化氛围可见一斑。

2. 玉玲珑

玉玲珑置于上海豫园，石体高约 400 cm，为江南四大名石之一，以漏著称，漏绝江南(见图 6-3)。古书记载："尝以一炉置石底，孔孔出烟，以一盂水灌石顶，孔孔流泉。"

图 6-3　玉玲珑(据《中华奇石》)

据明代后期著名文学家王世贞考证，玉玲珑是隋唐时代遗物。此石原置于乌泥泾朱尚书园中，后移至浦东三林塘储昱的南园，因储昱嫁女给潘允端胞弟潘允亮，便将玉玲珑作为嫁礼给潘家，于 1590 年置豫园至今。玉玲珑原名玉华峰，为此，在石的北面建玉华堂。潘允端认为，它是宋徽宗时搜罗的花石纲遗物，特别珍视。

豫园是潘允端建的私家花园，始建于嘉靖三十八年(1559)，是他为了"愉悦老亲"，供其父享用而建的，潘因而博得一个大孝子的美名。但是，当其父在万历十年(1582)去世时，园内的乐寿堂还未建好。

3. 瑞云峰

苏州有两块瑞云峰。其一是置于苏州市第十中学的瑞云峰，此石为江南四大名石之一，以透著称，透绝江南，石体 512 cm×325 cm×125 cm(见图 6-4)，是江苏省重点保护文物。相传为宋代花石纲遗物，至清乾隆四十四年(1779)，从徐泰时东园废址移至苏州织造府花园(即现址)，至今未动。

这块瑞云峰，原名小谢姑。据王贵生先生

图 6-4　瑞云峰(置于苏州市第十中学，据《中华奇石》)

《名胜古石》介绍：王西野认为此石初归吴县陈霁，后转乌程董份。董以瑞云峰赠其婿徐泰时。另有一说，徐泰时得之王鏊别墅，见明末姜绍书《韵石斋笔谈》。江苏邵忠写"苏州一绝——瑞云峰"：宋室倾覆，峰被弃之荒野。明弘治年间(1488—1505)归吴县王鏊(1450—1542，明正德年间首辅)，置于东山陆巷文烙公祠。嘉靖年间乌程董份购得，再转徐泰时，更名"瑞云峰"。

其二是苏州留园的瑞云峰，该石是后置的。上面提到的徐泰时东园废址，在盛康扩建留园时被扩了进来。由于原先的瑞云峰已移入织造府花园(即现在的苏州市第十中学)，不能再将原物运回，但又不愿此处空缺，便另找了一块置于园内，仍题名"瑞云峰"，该石体310 cm×150 cm×90 cm。

4. 翥云峰

翥云峰现置于上海嘉定汇龙潭公园内，石体320 cm×140 cm×90 cm(见图6-5)。该石是明末嘉定人赵洪范从云南返乡时运回的。先放在赵家岁有堂的前院，题名翥云峰，石体上有进士宋钰镌刻的"翥云峰"三字。赵家败落后，归进士王晦所有，因得翥云峰，家中立翥云堂挂匾。王晦并作诗赞曰：

吾家翥云峰，巍如剑配客。兀立墙之南，丰骨妙于瘠。其势等千寻，其身过十尺。气润蒸烟霞，质细俨圭壁。下者覆花茵，上者岸巾帻。常恐风雷生，中有蛟龙坼。秦人不能鞭，五丁不能厄。可以醒平泉，可以醉梦泽。宿昔游名园，幽奇性所癖。赏心曾有几，此应推巨擘。草堂恰相对，聊以安我宅。

图6-5 翥云峰(据 王贵生)

王家败落后，翥云峰归周氏所有，长期蠢立在秋霞圃东边周家祠堂院中，直到1980年扩建汇龙潭公园时才迁入园内安置。此石是嘉定区保护文物。

6.2.4 青芝岫——蒙冤之石

青芝岫属太湖石，产于北京房山，也称北太湖石。该石为明朝末年米万钟遗石，现置于北京颐和园乐寿堂。石体400 cm×800 cm×200 cm，形状如船，底座上镌海浪，寓意顺水行舟，一帆风顺。东端下部镌"玉英"，西端下部镌"莲秀"，南面上部镌"青芝岫"，皆为乾隆皇帝所题。北面中下部有大臣汪由敦等人题的诗。因米万钟身世特殊，青芝岫被诬为"败家石"，并立"败家石"牌子于石前。这对发现该石并将其运至良乡的米万钟有失公道，也使该石蒙受不白之冤。著名观赏石专家王贵生先生，出于责任心,经多方考证,搞清了事情的原委,并撰文《为青芝岫洗冤》。

米万钟(米芾后裔,1570—1628),明万历二十三年(1595)进士,明末四大书法家之一,享有"南董(其昌)北米(万钟)"之誉,主要在万历年间为官。他所处的明末时期,政治腐败到了极点,宦官专横跋扈,有作为的官员多遭劫难。至天启五年(1625),正当米万钟运巨石到房山县良乡时,因受到以魏忠贤为首的奸党诬陷,被罢官。在遭受到政治上的沉重打击后,米万钟无心再将青芝岫运回北京,只好放置在良乡路旁的农田里,并以泥土起墙,用芦苇等物盖草房予以保护。

青芝岫虽然体形巨大,但已安全运下山来,到了平地,应该说平地运输更不成问题,况且米万钟有从房山运大石"青云片"置于勺园的经验。他在北京有三处园林(即湛园、漫园和勺园),各园风景优美,奇石林立。在他被罢官之前,从未有将奇石丢弃在半途之事,如果不是被罢官,凭米万钟的财力、人力和物力,运青芝岫于自家勺园是没有问题的。因此可以认为:米万钟因被诬陷而获罪,遭受迫害而导致败家,并非因运石耗尽家资。所以青芝岫不是败家石。

崇祯皇帝继位后(1628),革除了魏忠贤的官职。米万钟也在这一年被起用,面临百废待兴的局面,没有心思去运巨石,上任不久,便于任上去世。

乾隆皇帝去河北易县清西陵祭祀,在良乡发现了这块巨石,运到清漪园(今颐和园),题名"青芝岫"(见图6-6),并以"青芝之岫含之苍","雨留飞瀑月留光"的诗句赞美青芝岫。站在石体东、西两侧高处看石顶,宛若许多灵芝,惹人喜爱(见图6-7)。在青芝岫两边各有一块陪石(见图6-8),也是太湖石。陪石分别高250 cm和240 cm,雄劲挺拔,石体上孔洞密布,置于制式相同的汉白玉底座上,与青芝岫成和谐的组石。

图6-6 青芝岫(据 王贵生)　　　　图6-7 青芝岫石顶一角(据 王贵生)

图 6-8　青芝岫陪石(据　王贵生)

太湖石中的名石还有很多,如扬州史可法纪念馆的"九峰石",青州人民公园的
"福"、"寿"、"康"、"宁",扬州个园的"龙骨石",南京瞻园的"仙人峰",无锡梅园的
"米襄阳拜石",等等。

6.3
英　石

英石(又称英德石 Yingde stone),或英德太湖石,因产于广东古英州(即今英
德市)而得名。按其岩性、成因及外部形态等特征,属广义太湖石,应并入太湖石
中,但英石是我国古代著名的四大玩石之一(另三种是太湖石、灵璧石、雨花石)和
著名的三大园林石之一(另两种是太湖石和灵璧石),其名称应予以保留。

6.3.1　岩性特征与成因

英石的岩性为石灰岩,主要矿物成分为方解石,摩氏硬度 3(即方解石的硬
度)。颜色多为灰黑色、灰色。石体上常有白色方解石细脉和团块,有人将这种细
脉称为石筋。

英德一带为石灰岩地区,石灰岩属易溶蚀岩石,在气候潮湿、雨量充沛、地表水地下水丰富及常年气温较高的有利条件下,岩溶地貌发育,裸露的石灰岩耸峙地面。崩落下来的石块,有的散布于地表,有的埋入土中,经过流水和土壤水的溶蚀,日积月累,便形成了各种造型的英石。石灰岩被溶解的化学反应式如下:

$$Ca[CO_3] + CO_2 + H_2O \Longleftrightarrow Ca^{2+} + 2HCO_3^-$$

6.3.2　英石品质优劣评价

英石的评价标准与太湖石相同,即:瘦、皱、漏、透、奇。

6.3.3　绉云峰

我国对英石的开发利用始于1 000多年前的五代后汉,至少不晚于北宋。宋代杜绾的《云林石谱》及明代计成的《园冶》都有关于英石的记述。《明一统志》记载:"英德县出英石。乡评云:峰峦耸秀,岩窦分明,无斧凿痕,有金玉声。"《英德县志》载,历代富商巨贾以经营米粮赢利,而穷苦百姓则以采售奇石为生。这里的奇石即英石。

图6-9　绉云峰(据《中华奇石》)

英石中最著名的是置于杭州西湖畔江南名石苑的绉云峰,此石为江南四大名石之一,以皱著称,皱绝江南,同时也是瘦的典型(见图6-9)。石体260 cm×90 cm×40 cm,"形同云立,纹比波摇",是一块不可多得的珍品。这块英石也有一段不寻常的经历。明末清初,青年吴六奇流浪到浙江海宁,在他穷困潦倒之际,遇到了伯乐查继佐,吴受到了查的礼遇和资助。后来吴在清军屡立战功,官至广东提督。吴特邀查到广东游历,报答知遇之恩。查在吴的幕府发现了这块英石,大为称奇,摩挲终日,并题名"绉云峰"。吴见查爱石如此之切,便暗地里差人将此石千里迢迢移置海宁查家,等查回到海宁,喜见绉云峰已矗立在自家百可园中。查辞世后,石流落武原顾氏之手。海宁马汶经与顾氏协商,将石运回。后又多次易手。

6.4

灵　璧　石

　　灵璧石(Lingbi stone)产于安徽省灵璧县。许多观赏石都是以产地命名的,例如太湖石、英石等。而灵璧石则不然,因为当地盛产灵璧石而更改了县名。原来虹县产有"石质灵润如玉璧"之石,宋代已大量开采,于是将虹县更名为零璧县,不久又改为灵璧县,并沿用至今。灵璧石适宜制磬,无论是用小棒轻击,还是用手微叩,都可发出优美的声音,有的石体因敲击部位不同能发出类似八个音符的音调,故灵璧石又被称为磬石、八音石,享有"玉振金声"之美称。

6.4.1　岩性特征与成因

　　灵璧石的岩性大都为石灰岩,主要矿物成分为方解石,摩氏硬度3(即方解石的硬度),颜色多为黑色、灰黑色,也有灰色、灰白色等。有的石灰岩中有白色方解石细脉和团块。有的石灰岩含有燧石结核或条带,燧石颜色呈灰黑色、黑色,摩氏硬度6～7,属于燧石结核灰岩或燧石条带灰岩。也有的石灰岩含有海藻(如层纹石、叠层石等),属于藻灰岩。

　　灵璧石的成因与英石的成因基本相同,凡石灰岩类的岩石,在自然界都易遭受到溶蚀。有资料表明,雨水和地表水含有二氧化碳,这些水进入土壤后,二氧化碳含量会显著增加,并含有机酸,这主要是由于有机质氧化分解造成的。由山体上崩落的石灰岩块,有的暴露在地表,有的被埋入土中,它们受到雨水、地表水及土壤水的长期溶蚀,便形成了表面多沟壑、造型奇特、生动形象的灵璧石。

6.4.2　主要品种

　　灵璧县的山丘较多,有大小山头近两百座,由于这些山体岩性上的差异,所造就的观赏石也各具特色。有人将这些观赏石统称为灵璧石,并细分出几十个品种。

　　灵璧石是专用名称,是著名的三大园林石之一,按照传统观念,多数人都认为灵璧石属于观赏石中的造型石类,不能把灵璧县或灵璧县一带产的所有观赏石都称为灵璧石。例如将方解石晶簇、钟乳石等也称为灵璧石,显然不妥,因为前者属矿物晶体类观赏石,后者虽然也属造型石类,但它是另外一个石种。专用名称,专有所指,就像大理岩和岫岩玉(简称岫玉)一样都是专用名称,专指特定岩石和玉石,不能把云南大理的所有岩石都称为大理岩,也不能把辽宁岫岩县产的岫岩玉、软玉、绿泥石玉等统称为岫岩玉。

造型石可以同时具有纹理或图案,但奇特的外部造型是其主要特征,也是分类的依据。在这个前提下,参考古今资料,将灵璧石划分为如下五大品种:

1. 金声灵璧石

金声灵璧石的主要特征是敲击石体能发出金属般悠扬悦耳的声音。石体表面多沟壑,造型奇特多样。颜色有黑色、灰黑色、棕黑色、灰棕色、褐灰色等,其中以黑色为最佳。该品种石质细腻,结构致密,适宜制磬,是传统灵璧石中的一个主要品种(见图 6 - 10)。

图 6 - 10 金声灵璧石 　　　　　　　　　图 6 - 11 纹饰灵璧石

2. 纹饰灵璧石

纹饰灵璧石的主要特征是在黑色、灰黑色等暗色石体上,分布有自然流畅、纹路规则或不规则的白色细纹。纹路规则的有龟背纹、手指纹等;纹路不规则的富于变化,有流水纹、弧形纹,有时纹路杂乱(见图 6 - 11)。在纹饰灵璧石中,有些石体底色为黑色、质地细腻,轻轻敲击也能发出像金声灵璧石一样清脆的声音,但它具有纹饰,以此区别于金声灵璧石。

3. 嵌空灵璧石

嵌空灵璧石的特征是石体上具有凹陷和孔洞,具有像太湖石一样的漏、透特征(见图 6 - 12)。

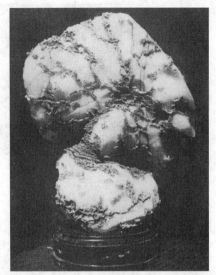

图 6 - 12　嵌空灵璧石 图 6 - 13　白玉灵璧石

4. 白玉灵璧石

白玉灵璧石的主要特征是石体以白色为主,或具有大小不一的白色团块,且在白色基底上常生长有许多红色、红褐色、黑色等高出石面的次生物小突起。这些次生物尽管不致密,但是对石体起着点缀作用,可谓是锦上添花,给这个品种增添了无穷的艺术魅力(见图 6 - 13)。

5. 莲花灵璧石

莲花灵璧石的主要特征是石体上有许许多多深浅不一的纵向和斜向沟壑,将石体切割成类似莲花状的象形石体(见图 6 - 14)。石体上部的沟壑与石体底部的沉积层理巧妙组合,确有黄山莲花峰的气势。该品种颜色多为灰色、灰白色。

6.4.3　灵璧石品质优劣评价

灵璧石是我国开发利用较早的观赏石之一,至少在北宋时已大量开采。北宋末年徽宗皇帝赵佶为修建宫殿和花园,兴办"花石纲",除在江南搜罗太湖石外,还在灵璧县搜罗了许多灵璧石。

《云林石谱》收 116 品,灵璧石被放在首位介绍,足见灵璧石在众多观赏石中的特殊地位。"灵璧一石天下奇,声如青铜色碧玉"是诗人方岩对灵璧石的赞誉。诗人范成大得到一块玲珑可爱的灵璧石,作《小峨嵋歌》而颂之。宋末又有《宣和石

图 6‒14　莲花灵璧石(据《中国灵璧石谱》)

谱》问世,使人们对灵璧石有了更深刻的认识。

明代的《格古要论》、《长物志》、《素园石谱》、《灵璧石考》等,也都对灵璧石作了极高评价。

目前,存世的古灵璧石在苏州网师园、开封大相国寺、广州中山堂、北京故宫等地都可见到。

灵璧石的品种较多,有的品种与太湖石相似,但多数品种与太湖石有着明显差异,所以评价灵璧石除遵循皱、透、奇的标准外,还应增加声、纹、质、色标准。即:皱、透、奇、声、纹、质、色七字标准。透、奇参见太湖石的评价,这里不再赘述。但皱的特征与太湖石有所区别,灵璧石的皱指表面多沟壑。

声:指敲击石体,能发出清脆悦耳的声音,以能发多音或八种声音的为最佳。

纹:指石体上具有清晰美观的白色细纹。

质:指石体的结构致密,质地细腻。

色:指石体的颜色。由于灵璧石的品种较多,不同品种往往颜色不同,不能以某一种颜色作为统一的标准。例如金声灵璧石以黑色最佳,而白玉灵璧石则以白色点缀俏色(也称巧色)为佳。

6.5
昆 山 石

昆山石(Kunshan stone)又称昆石,因产于江苏省昆山而得名。因昆山石嵌空多窍,小巧玲珑,故又被称为玲珑石。它与太湖石、雨花石并列为江苏省三大著名观赏石。

昆山石的岩性为白云岩,颜色呈白色,是距今5亿年前的寒武纪海相环境形成的沉积岩,主要矿物成分是白云石 $CaMg[CO_3]_2$。昆山石上的孔洞由溶蚀作用形成,石体玲珑多孔。并且在石体上可见到,由后期硅质溶液沿白云岩裂隙、孔洞贯入形成的小颗粒水晶晶簇,恰似雪花点缀,在阳光照射下,光芒闪烁,奇异瑰丽,大大提高了昆山石的观赏价值。昆山石既具太湖石的美姿,又小巧玲珑,从古至今都是备受人们喜爱的观赏石。

相传昆山石的开采至迟始于宋代,已有一千多年的历史。据《昆山县志》记载:"玉峰山产玲珑石,极天铲神镂之巧,好事者购清供玩,一拳千金。历代官府恐伤山脉,时有立碑禁凿。物以稀为贵,昆石身价愈高。元、明时期,昆石已是馈赠之上等礼品。"元代诗人张羽,曾得友人赠送的一块昆山石,乃作诗答之:"昆邱尺璧惊人眼,眼底都无菁华昌。隐岩连环蜕山骨,重于沉水辟寒香。"明代计成的《园冶》载有:"昆山县马鞍山,石产土中,为赤土积渍。既出土,倍费挑剔洗涤。其质磊块,巉岩透空,无耸拔峰峦势,扣之无声。其色洁白,或植小木,或种溪苏于奇巧处,或置器中,宜点盆景,不成大用也。"

图6-15 昆山石
(石体25 cm×24 cm×6 cm,据 陈志高)

元、明时开采的品种较多,其中以玉峰山东山的"杨莓峰",西山的"荔子峰",后山的"海蜇峰",以及前山翠尾岩的"鸡骨峰"和"胡桃峰"等最为名贵。昆山石块体一般都较小(见图6-15),多用于室内装饰,或制作盆景。大块石体较少,置于昆山亭林公园一对亭子中的"秋水横波"(见图6-16)和"春云出岫"(见图6-17)两块古代开采的昆山石,堪称稀世珍品。

图 6-16　昆山石"秋水横波"
（据《中华奇石》）

图 6-17　昆山石"春云出岫"
（据《中华奇石》）

6.6

钟 乳 石

　　说起钟乳石(Stalactite)，人们便会想到形成于石灰岩溶洞中的钙质钟乳石，其实钟乳石还有很多种，如孔雀石钟乳石、绿松石钟乳石、菱锌矿钟乳石、白铅矿钟乳石、菱锰矿(红纹石)钟乳石、玛瑙钟乳石、葡萄石钟乳石等。这些不常见的钟乳石，越是稀少，越显珍贵。我们常见的钟乳石都是钙质的，主要矿物成分是方解石($Ca[CO_3]$)。其形成是含有重碳酸钙($CaH_2[CO_3]_2$)的水溶液，由于 CO_2 的逸出、水分的蒸发，碳酸钙便沉淀出来，化学沉淀方程式如下：

$$CaH_2[CO_3]_2 \Longleftrightarrow Ca[CO_3] + H_2O + CO_2$$

　　钟乳石的形成依赖于一定的空间，例如石灰岩溶洞。溶液从洞顶下滴，边滴边沉淀，可形成自洞顶垂直向下生长的石钟乳，石钟乳的横断面上可见同心环带构造，有时核心是空的。洞顶的水滴落到洞底后，碳酸钙就在洞底沉淀并向上生长形成石笋(见图6-18)。石笋的形态一般呈岩锥状或塔状,横断面具有同心环带构造,核部是实心的。石钟乳与石笋继续生长连成一体,则形成石柱。石钟乳、石笋、石柱等统称为钟乳石。

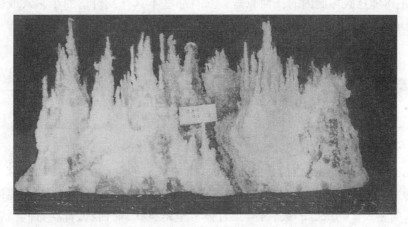

图6-18 钟乳石"石笋"

如果水溶液沿洞壁上的横向裂隙呈线状渗出下淌,可形成石帘、石瀑布、石幔等形态。此外,由于渗出水滴位置的改变,以及洞中水面的变化,还可形成石蘑菇、石灵芝、石莲花等。尽管它们形态各异,都属于钟乳石。

我国的岩溶地区主要分布于广西、云南、贵州、广东、四川等地,北方相对较少。在岩溶地区的溶洞中,常发育有千姿百态的钟乳石。

钟乳石在《神农本草经》和《本草纲目》中被称为石钟乳,是一味中药,"石钟乳,味甘温。主咳逆上气,明目益精,安五脏,通百节,利九窍,下乳汁。一名留公乳,生山谷"。

关于钟乳石的生长速度,有人对桂林甑皮岩洞中的石钟乳、石笋作过C^{14}年龄测定,石钟乳的横向增厚速度为每年0.11 mm,石笋的横向增厚速度为每年0.05 mm。桂林龙隐岩洞壁上有一处宋代张敏中等十三人的题名石刻,石刻面上垂下一根长约1.6 m的石钟乳,推算这根石钟乳已有800多年历史,其生长速度约为每年2 mm。

钟乳石的摩氏硬度为3,颜色多呈浅黄色、白色、黄褐色等。旅游点溶洞中见到的五颜六色的钟乳石,那是彩色灯光的颜色,并非钟乳石的本色。

从古至今,在园林中很少见有钟乳石。2000年,著名观赏石专家王贵生先生去福建省福清市访古石,他在叶向高(1550—1627,天启元年为首辅)的豆区园,见到一根天然钟乳石石柱。"文化大革命"中石柱被砸断,但仍有3 m多高,石柱自下而上有形如浮雕的百猴,且有上爬之势,栩栩如生,取名"百猴石",可谓钟乳石中的珍品。

应当指出,凡是已开发为旅游点或具有开发前景的所有溶洞,严禁采集这类观赏石,不得随意破坏洞内的任何景观。只有那些不具开发价值的小洞穴或裂隙中的钟乳石方可采集。

6.7

孔 雀 石

孔雀石(Malachite)作为矿物名称时,指的是一种含结构水的碳酸铜矿物,化学式为 $Cu_2[CO_3](OH)_2$,单晶体呈柱状或针状,极少见。作为玉石名称,指的是以孔雀石为主要矿物成分的集合体,集合体常呈结核状、葡萄状、肾状、钟乳状、皮壳状等,内部具同心层状构造。因其颜色犹如孔雀羽毛的绿色,故名孔雀石。摩氏硬度3~4。

孔雀石是含铜硫化物矿床氧化带中的次生矿物,系含铜硫化物矿物风化所产生的易溶硫酸铜,与碳酸盐矿物(如方解石)或重碳酸钙溶液相互作用而形成的。例如由黄铜矿氧化形成孔雀石,其过程如下:

① $CuFeS_2 + 4O_2 = Cu[SO_4] + Fe[SO_4]$
　黄铜矿　　　　硫酸铜

② $2Cu[SO_4] + 2Ca[CO_3] + H_2O = Cu_2[CO_3](OH)_2 + 2Ca[SO_4] + CO_2$
　硫酸铜　　　　　　　　孔雀石

自古以来,孔雀石就是一种玉石。用来观赏,既可作为纹理石又可作为造型石。因其具同心层状构造,即具有纹带构造,属于纹理石和图案石;而孔雀石集合体的奇特艺术造型,例如钟乳状孔雀石、肾状孔雀石等,更为美观、稀少,其价值也高得多,故将孔雀石放在造型石介绍,这里强调的是集合体形态。

孔雀石含铜量57.5%,是提炼铜的主要矿物原料之一。但现在用来提炼铜的孔雀石,大多是既不能用来观赏,又不具备工艺加工价值的孔雀石。

孔雀石造型石相对较少见,最著名的产地是广东阳春,先后产出了许多造型奇特的孔雀石。如一块形似孔雀的孔雀石质量40.7 kg,取名孔雀石"孔雀"(见图6-19);还有孔雀石钟乳石"擎天石柱"(见图6-20),等等。

图 6-19　孔雀石"孔雀"(据　赵松龄)

图 6-20　孔雀石"擎天石柱"
(据　李兆聪)

　　人类对孔雀石的开发利用历史悠久,早在公元前 4000 年古埃及人就已开采孔雀石,他们认为孔雀石是儿童最好的护身符。德国人认为佩带孔雀石可防止死亡的威胁。古代俄罗斯人就喜欢用孔雀石作装饰,1836 年,俄罗斯找到了一些大块孔雀石,有的质量竟达 250 吨,冬宫里的孔雀石大厅就是用这些孔雀石装饰而成的。

　　我国古代称孔雀石为"石绿"、"石碌"、"绿青"、"碌矿"、"碌石"、"铜绿"等。对其开发利用至少已有三千多年的历史,例如在湖北黄陂盘龙城商代中期遗址里就发现有孔雀石,在河南安阳殷墟商代晚期遗址里发现了一块质量为 18.8 kg 的大孔雀石。在后来的一些古墓中,也相继发现有孔雀石制品。古代文献中,关于孔雀石的记载也很多。李时珍《本草纲目》中称:"石绿生铜坑内,乃铜之祖气也。铜得紫阳之气而绿,绿久则成石,谓之石绿。"肯定了孔雀石的形成与铜矿有关。《广西通志》载有"石绿,铜之苗也,亦出右江有铜处,生石中,质如石者曰石绿",形象地阐明了孔雀石与铜矿之间的密切关系,对孔雀石的形成有了进一步的认识。

6.8

风　棱　石

　　风棱石是观赏石中的一个品种,主要分布在气候干旱的荒漠地区(如我国新疆、内蒙等地的沙漠),是风沙对裸露在地表的石块长期吹蚀和磨蚀形成的。风将地表沙粒扬起带走,吹打在石块上,对石块进行磨蚀,风速越大,吹起的沙粒越多、越粗,对石块的磨蚀作用就越强烈。由于风向的改变,或石块的翻转,可被磨蚀成多个磨光面,而且边棱清晰鲜明,美丽多姿,造型生动,有的像金字塔,有的像鹰,还有的呈蘑菇状、柱状、蜂窝状,等等。

风棱石的岩性多样,硬度不一,甚至在一块石头的不同部位硬度也不一样,因此被磨蚀的程度也就不同。风蚀蘑菇的形成是因风吹过时,在近地面处所含的沙粒较多,下部受磨蚀相对严重所致。或因下部岩性较上部岩性为软,受磨蚀作用差别明显,更易形成风蚀蘑菇。蜂窝石因受风沙磨蚀,石块上布满大小不等、形状各异的洞穴和凹坑,状似蜂窝,故名蜂窝石。

总之,风棱石是自然界风沙的杰作,也是深受人们喜爱和高度评价的一种观赏石。

6.9
火 山 弹

火山弹是火山喷发的产物,由火山喷出的岩浆在空中冷凝而成,一般大于64 mm。其外形多样,有纺锤状、麻花状(见图6-21)、梨状、饼状、陀螺状、不规则状等。火山弹因快速冷凝收缩,外壳常有旋扭纹理和裂纹,内部多孔洞。

图6-21 麻花状火山弹(据 夏邦栋)

火山弹在新生代(始于6 500万年前)火山岩区常保存较好,例如黑龙江省五大连池就有形状各异的火山弹。我国北起黑龙江,南至海南岛,均有新生代火山群分布,而火山弹大都分布在火山口附近,所以寻找火山弹并不十分困难。

火山弹具有一定的造型,应将其归入造型石类。不过赏石界有人并不将火山弹划归造型石,而是划入事件石,这个问题有待进一步探讨。

7

纹理石和
图案石

概　述

纹理石是指具有清晰、美观纹带构造的观赏石。所谓纹理,指的是岩石中的薄层构造(包括变余薄层构造)、条带构造(包括同心层状构造)、叠层构造(包括纹层构造),以及节理(注意:不是矿物晶体的解理)、裂隙中充填的细脉等,由于化学成分、矿物成分、矿物粒度、颜色等方面的差异,而形成的一种纹饰,例如玛瑙、孔雀石的纹饰。

图案石也称画面石,是指石体上具有人物、动物或其他景物的象形图案。图案可由颜色变化构成,或矿物空间分布不均匀和特殊排列方式构成。既有成岩时期原生的,又有成岩后由蚀变作用形成的,还有因风化作用受到溶液浸染形成的。

纹理石和图案石有时是不能截然分开的,有的就是通过纹理的变化组合,构成象形图案;有的石体上既具有清晰的纹理,也具有逼真的图案。例如有的玛瑙雨花石,通过纹理的变化组合,加上色彩的搭配,图案犹如重叠的山峰。还有的玛瑙雨花石,下部纹理好像水面,上部图案恰似岸上绿色垂柳,上下组合成一幅秀丽的风景画。此时难以将纹理石和图案石截然分开,故将它们归为一类。

7.2

玛　瑙

玛瑙是一种古老的玉石品种,过去常将珍珠玛瑙一并称为珍宝。现在由于玛瑙产量大,普通玛瑙的价格并不高。而具有奇妙纹理或图案的玛瑙,是纹理石和图案石中常见且重要的品种,有的玛瑙还是稀世珍品,价值不菲。

7.2.1 基本特征

1. 矿物成分与性质

玛瑙的主要矿物成分为玉髓。玉髓是一种结晶非常细小呈隐晶质的二氧化硅。据X射线衍射揭示,玉髓同石英(水晶)的晶体结构完全一样,只是玉髓富含微小(0.1 μm)的水泡,使得折射率和密度比石英略低。作为玉石名称的玉髓,是指主要由玉髓矿物组成的集合体,除玉髓矿物外,常含少量蛋白石和细微粒石英及其他杂质。玛瑙是具有纹理(也称纹带)或图案构造的玉髓,且往往是多色的,自古就有"千样玛瑙万种玉"之说。玉髓则不具纹理或图案,颜色也常是单一的,例如澳大利亚的绿玉髓,我国台湾的蓝玉髓等。

玛瑙的摩氏硬度 6～7,密度 2.6 g/cm³ 左右,具玻璃光泽或油脂光泽,半透明至微透明,切磨成薄板状透明度更好。

2. 玛瑙的形成与纹理、图案的产生

玛瑙主要有两种成因,一种是由低温热液形成,另一种是在外生条件下沉积形成。无论哪种成因,一般都形成于岩石空洞或裂隙中,多沿空洞壁或裂隙壁开始,逐层向内沉淀堆积。有的玛瑙是在同一基底上围绕多个中心逐层向外生长,形成葡萄状玛瑙或皮壳状玛瑙。由于形成过程中物理化学条件的细微变化,例如混入致色元素及其他杂质成分的不同或含量变化,使玛瑙具有同心层状或条带状的纹饰。这里需要说明的是,同心纹饰的"心",可以只有一个,也可以在沉淀堆积过程中演变为两个或多个(见图 7-1)。这种纹饰多表现为颜色上的不同,且相间交替出现。当沉淀堆积不均匀时,可形成各种不同的图案。玛瑙的核部可以是实心的,也可以是空心的。实心者常为粒度较粗的自形石英所充填,俗称"砂心"。空心者有时腔内包有水,称为水胆玛瑙;或长有小颗粒的水晶晶簇。

图 7-1 玛瑙的同心层状纹饰(据 赵松龄)

7.2.2 主要品种与品质优劣评价

1. 主要品种

根据玛瑙的天然纹理、图案及腔内是否有水等特征,可划分为许多品种,其主

要品种如下：

（1）水胆玛瑙。指空心玛瑙的腔内包有玛瑙形成时的水溶液。水在腔内是看不到的，即使在打磨的光面上，也只能看到与水相伴的气泡在晃动。根据气泡沿腔壁移动的轨迹，可知水胆的大小。现在有人造假，其方法是在玛瑙上打一个小洞，向空腔内注入水，然后再把小洞封上。应注意寻找蛛丝马迹加以识别。

（2）缠丝玛瑙。纹带细密如丝、红白相间的玛瑙，称为缠丝玛瑙。作为8月生辰石，象征夫妻幸福、美满与和谐。

（3）柏枝玛瑙。具有像柏枝一样的花纹图案。

（4）水草玛瑙。具有像水草一样的花纹图案。

（5）苔藓玛瑙。具有像苔藓一样的花纹图案。

（6）风景玛瑙。指花纹图案如城堡，似荒漠，像山水画等景观的玛瑙。

此外还有人物玛瑙、动物玛瑙、文字玛瑙、南红玛瑙、战国红玛瑙等。

2. 品质优劣评价

玛瑙的品质优劣评价，主要考虑以下几个方面：

（1）颜色：色彩丰富艳丽、浓淡搭配适宜者为佳。

（2）纹理：清晰流畅，曲折多变。如果具有纹理构成的图案更佳。

（3）图案：形象逼真，惟妙惟肖；或似像非像，使人充分发挥各自的想象力。

（4）质地：结构致密细腻，无裂、无洞眼。

（5）透明度：透明度越高，看上去越水灵越好。

岩石中的玛瑙，或未经流水长距离搬运的玛瑙，表皮粗糙几乎不透明，其内部色彩、纹理、图案等不便于观察，因此对这一类玛瑙的评价，应在切割打磨出的光面上进行。

我国对玛瑙的认识和利用历史悠久，在内蒙、山东、江苏、福建、甘肃等地的新石器时代文化遗址里，以及后来的一些古墓中，发现有用玛瑙制作的石器或装饰品。关于"玛瑙"一词的出现，据章鸿钊先生考证，"汉以前书不载，求其当此者，惟琼为近"。汉代以前将玛瑙称为"琼玉"、"赤玉"，古诗"赤琼以照燎为光"中的"赤琼"，指的是红玛瑙。东汉以后才出现"马脑"一词，例如魏文帝曹丕的《马脑勒赋》有"马脑，玉属也，出西域。纹理交错，有似马脑，故其方人固以名之"的记载。由于古人不了解这种玉石具有纹带的奥秘，才有"马脑变石"之说。因"马脑"属玉，后改为"玛瑙"。

我国古代有不少玛瑙产地，现在发现的玛瑙矿点更多，至少二十几个省区都有玛瑙资源，如黑龙江、吉林、辽宁、河北、内蒙、山西、新疆、云南、四川、甘肃、宁夏、山东、江苏、浙江、福建、江西、湖北、湖南，等等。

7.2.3 "玛瑙王"——世界之最

辽宁阜新是我国最主要的玛瑙产地之一,至少从清代起,当地百姓就采捡玛瑙并制作饰品。乾隆年间是阜新玛瑙业的鼎盛时期,据《清实录》中的"宫廷琐事"记载:"开挖窑洞十六,窑工千人,南部设有商邑。"相传清代宫廷所用的玛瑙饰物均取材于阜新。2004 年又爆出新闻:阜新采出一块重达 64 吨堪称世界之最的"玛瑙王"。这块巨大的玛瑙产自阜新蒙古族自治县七家子乡五家子村附近的磨落山。五家子村在清代被称为"宝珠营子",是专门为朝廷生产玛瑙朝珠的地方。该村农民王福昆于 2003 年 8 月首先发现了这块玛瑙王,因为埋在山里,不知道它究竟有多大。后来在阜新市政府、市国土资源局有关领导的组织指导下,将它成功开采出来,并于 2004 年 5 月 8 日安全运抵阜新市街心广场。

7.3

雨 花 石

雨花石是江苏省三大观赏石之一,也是我国古代著名四大玩石之一。凡是见过雨花石的人,无不被它那圆滑的外形、斑斓的色彩、美丽的纹理或图案所吸引。如果将雨花石置于水中,减少了表面对光的漫反射,更显得晶莹剔透、五光十色,纹理和图案异常清晰,令人赞叹不已,因而自古以来备受人们喜爱。雨花石不仅在我国大陆及香港、澳门、台湾拥有众多的爱好者和收藏家,而且还远销俄罗斯、日本、澳大利亚、美国、英国、法国、意大利等。

市场上的雨花石售价高低悬殊,从几角钱、几元钱一枚,至数百元、数千元一枚,有的一套精品甚至高达数万元乃至 10 万元。不同经济状况的收藏者,都可以挑选到适合自己的雨花石,就连寻常百姓也常有人买些自己喜欢的雨花石放在鱼缸里或花盆中观赏。

7.3.1 基本特征

雨花石在地质学上属于砾石,即我们通常称呼的鹅卵石。其岩性较杂,主要是一些硬度相对较大的硅质岩,摩氏硬度 5～7,密度 1.9～2.66 g/cm³。岩石遭受自然风化破碎后,岩块被流水冲击、搬运、相互碰撞、滚磨,便形成卵形或接近卵形、表面光滑的砾石,其粒度多在 2~5 cm。根据雨花石磨圆度较好这一特征,可知是经过流水长距离搬运和长时间磨蚀而形成的。由古长江及其支流搬运、堆积在南京附近长江古河床中,含雨花石的雨花台组平均厚度约 10 米,分布于南京、六合、仪征等地。

先前,雨花台组地层被误认为是未成岩的第四纪沉积物。据岳文浙 2009 年资料,雨花台组是距今约 2 000 万年至 1 600 万年前,中新世时期形成的砂砾岩。

7.3.2 品质优劣评价

雨花石最初是指具有纹饰或图案的玛瑙,现在有人把产于雨花台组砂砾岩中的砾石,都称之为雨花石。这样一来,雨花石的品质优劣差别很大,产地的群众将优质雨花石称为细石,将劣质雨花石称为粗石。细石指的是具有纹饰或图案的玛瑙(见图 7-2),粗石是指除玛瑙以外其他不具观赏价值的砾石。

图 7-2 玛瑙雨花石(据 赵松龄)

评价雨花石的品质优劣,一般按照如下标准:

(1)颜色:好的雨花石,应具有丰富艳丽的色彩,或浓淡搭配巧妙,或色彩对比鲜明。

(2)石质:包含两个方面。其一指质地,以质地细腻、晶莹剔透为佳。其二指砾石的外观,以无破损,无裂纹,无疤坑者为佳。

(3)纹理:以纹理流畅、细密清晰、曲折多变者为佳。通过纹理的变化能构成奇特图案者更佳。

(4)图案:雨花石中的上品、精品,大都具有惟妙惟肖的图案。有的似日月彩霞、山川名胜,有的如山花烂漫、四时景色,有的像人物、动物或文字,令人称绝。

(5)形状:即砾石的外形。雨花石多呈椭圆形、扁圆形,也有浑圆形、梨形等,总之,大体上都是卵形,并非奇形怪状、千姿百态。所以,雨花石的形状,并不是一个重要的评价标准。

雨花石的评价标准,可作为这一类纹理石和图案石的评价标准使用,如三峡石。

雨花石还有一个神话故事。据梁《高僧传》记载,南朝梁武帝时期(502—549),一位法号云光的高僧,在今南京市中华门外石子岗设台讲经说法,精诚所至,感动了上苍,顷刻,天降雨花,雨花落地化为五彩石子,后人便将设台讲经的石子岗称为雨花台,五彩石子则被称为雨花石。雨花石凝天地之灵气,聚日月之精华,孕万物之风采,被誉为"石中皇后"。地质学上将南京附近的与雨花台砂砾岩属于同一层位的,称为雨花台组。"组"是地层的一个单位,组内还可分为段。

我国对雨花石的开发利用,要比神话故事早得多,据考古发现,在南京阴阳文化遗址中有雨花石及用雨花石制成的珠、管、圈和半环状装饰品等,说明在五千年前,南京的早期居民就已开发利用雨花石了。

自唐宋以来,许多文豪雅士都钟情于雨花石。唐代苏鹗作"杜阳杂编";据说宋代大文学家苏轼,曾用饼换取小孩子拾到的五彩石;元代郝经写有"江石子记";明代孙国籽撰"灵岩石子记",著名书画家米万钟出高价广收雨花石;相传曹雪芹少年时去雨花台游玩,遇到不少人在捡拾、出售雨花石。也有人认为曹雪芹正是由雨花石发天下之奇想,将女娲补天遗下的一块五彩石,幻化成"通灵宝玉",写出了一部不朽的文学巨著《石头记》。

明代计成的《园冶》记述:"六合县灵居岩,沙土中及水际,产玛瑙石子,颇细碎。有大如拳,纯白、五色者,有纯五色者;其温润莹彻,择纹彩斑斓取之,铺地如锦。或置涧壑及流水处,自然清目。"明初朱元璋之孙朱允炆收集了数千枚雨花石。朱元璋六十大寿时,在众多王公大臣的厚礼中,使皇上龙心大悦的是朱允炆用雨花石拼成的"万寿无疆"四个大字和一枚形如寿桃的雨花石。朱允炆继位后,供寿桃石于宫内。《清一统志》称:江宁府江宁县(今南京市)聚宝山在县南雨花台侧,上多细石如玛瑙,俗称为聚宝山。雨花石在明清时已是著名的观赏石,并有一石数金之说。

到了近代,雨花石受到了更多人的喜爱。梅兰芳收藏雨花石,周恩来在南京梅园时,也将雨花石放入水碗中置于案头,郭沫若曾为此曰:"雨花石的宁静、明朗、坚实、无我,似乎象征着主人的精神。"

7.4

三 峡 石

三峡石是指产于长江三峡地区砾石层中的一些砾石(即鹅卵石)观赏石。该砾石层的堆积时代为距今约 100 万年前的第四纪更新世至全新世,如果这个地质年代准确,比南京地区雨花台组砂砾岩的地质年代新近纪中新世(距今 2 000 万年至 1 600 万年前),至少晚 1 500 万年。

大约在 1.25 亿年前的中生代白垩纪早期,湖北宜昌、宜都、枝江等地,沉积了一套五龙组砾岩,砾岩中的砾石,有许多是玛瑙、玉髓、蛋白石等。由于后来一系列的地质构造运动,该地区地壳被抬升,隆起的五龙组砾岩及白垩纪其他岩石,经过几千万年的风化、剥蚀和流水的搬运、分选、沉积,为第四纪三峡砾石层的形成,提供了充足的物质来源。

三峡石具有丰富的色彩和奇特的纹理、图案,完全可同南京雨花石媲美。就颜色而言,红、橙、黄、绿、蓝、靛、紫七色俱全。纹理、图案也很别致,纹路有凹有凸;人物形象神态各异,飞禽走兽栩栩如生;文字石奇妙无比,更以"中、华、奇、石"为珍品。

我国对三峡石的认识和记载,最早见于唐代的碑文。到了清代,于乾隆年间(1736—1795)编纂、同治年间(1862—1874)续修的《东湖县志》(东湖县即今宜昌市)上载有:"纹石:县东二十五里丰宝山产石子,红白二色,纹彩绚烂,名曰纹石。""……雷雨石,形似枣核,大者如卵,莹澈如水晶天然生成,今麻溪山中,每经雷雨后,山田中常有之,故名。"又载:"纹石产于宜都之苍茫溪,土名玛瑙河,其地与东湖接陆,……有好事者琢为珍玩,近乃索值至数金,而佳者亦殊不易得,意取多用宏地,亦有时,而爱其宝欤?"

总的来看,三峡石和雨花石都是砾石,而且砾石成分及纹饰、图案等特征基本一致。但三峡石的名气不如雨花石名气大,知道雨花石的人很多,知道三峡石的人相对要少。这主要是历史文化的原因和对三峡石宣传不够造成的。除三峡石外,在长江流域其他地方也有与雨花石相同或基本相同的砾石观赏石,如果都以各自的产地命名,势必造成同物不同名的现象,况且这类观赏石一旦离开原产地,就难以鉴别出它究竟产自何地,所以,还是将这类观赏石统称为雨花石为好。

7.5

黄 河 石

黄河石,是指产于黄河河床、滩涂,以及黄河古河道中的砾石状观赏石。黄河发源于青海巴颜喀拉山,全长 5 464 km,流域面积广阔,流域内有许多大大小小的支流,这些支流携带着本地区的沙石汇聚到黄河,同黄河主河道两岸崩落的岩块一起,被河水搬运、碰撞、滚磨,经过漫长的自然改造,便形成了我们今天所见到的有观赏价值的黄河石。

由于不同河段的地质情况、岩石性质各不相同,所形成的黄河石也各具特色。因此,赏石界习惯上把青海段所产的黄河石称为河源石;把甘肃、宁夏段所产的黄河石称为兰州石或兰州黄河石；将河南洛阳段所产的黄河石称为河洛石或洛阳黄河石。黄河石的品种繁多，有太阳石、月亮石、文字石、雪花石（也称冰花石）、金谷石、水纹石等。其岩性也较复杂，既有火成岩，也有沉积岩和变质岩。石体上的纹理和图案，有的似日月星辰、山川大地，有的似草木鸟兽，有的似人物或文字等。总之，这些黄河石在观赏石分类中均属纹理石和图案石。

兰州段黄河石和洛阳段黄河石，大多为硅质岩，质地坚硬，图案对比鲜明，颜色古朴典雅。尤其是洛阳段所产的黄河石，特征明显，石体上常见有圆形、半圆形、月牙形图案，其颜色有红色、黄色、浅色等，似太阳或月亮点缀其上，被形象地称为太阳石或月亮石。还有的主体图案色中套色，对图案有所遮掩，恰似"日食"或"月食"；如果是在红色或暗红色的石体上有一黄色或浅色圆形图案，好像"日出"或"日落"。如果是在灰色背景的石体上，有圆形或月牙形图案，犹如"明月当空"或"月牙天边挂"。这些观赏石都是黄河石中的佼佼者，具有很好的观赏和收藏价值。

7.6

汉 江 石

汉江石是指产于汉江河床的砾石（即俗称的卵石）观赏石。汉江是长江第一大支流，发源于陕西宁强，流经陕鄂两省的汉中、安康、十堰、襄樊等三十多个县市，在武汉注入长江。

汉江上游多为深涧峡谷，中、下游地势趋缓，支流较多。汉江及其支流沿岸的岩石，在亿万年的地质作用过程中，一些剥落崩塌的岩石碎块，被流水冲刷、搬运，相互碰撞，滚磨，形成砾石。在河床、河漫滩及阶地的堆积物中，就蕴藏着许多有观赏价值的汉江石。

汉江石的岩石类型，主要是一些砂岩、碳酸盐岩、泥质碎屑岩等。其纹理和图案丰富多彩，有的像山水风景，有的像人物或动物，也有的像文字。而且图案逼真，颜色深浅搭配适度。如"华山北峰"，整体图案呈"山"字形，颜色从上到下依次为白色、灰白色、灰色，显示了天空到山体的色调变化。由于石英和方解石脉穿插交代的不均匀性，残留的暗色原岩成分构成了华山北峰的主体画面，其顶部的"白云"，峰顶的"庙宇"，更为画面增添了神韵。画面立体感强，品味无穷，实为纹理石和图案石中不可多得的珍品。

7.7

来 宾 石

来宾石,主要是指产于广西红水河来宾段的一些观赏石。红水河来宾段的河床中,沉积着许多大大小小的各种岩石砾块,其中一些是由上游搬运来的砾石,另一些是该河段两岸岩石剥落、崩塌下来的碎块。红水河流经这里,河道变得狭窄弯多,水流湍急。河床中的砾石和岩石碎块受水流的冲击,不断翻滚、碰撞、滚磨,经过漫长的自然改造,便形成了我们今天所见到的各种各样的来宾奇石。其主要品种有来宾黑石、黑珍珠、卷纹石、石胆等。

来宾石的岩石种类主要是硅质岩和含燧石灰岩。颜色有黑色、灰黑色、黄褐色、墨绿色等。其中以奇特纹理为特征的称为卷纹石,根据层理构造特征,可分为两种,一种是薄层状硅质岩,另一种是具有交错层理的硅质岩。这类观赏石,纹理细密舒展,线条流畅,不同纹理向不同方向弯曲、卷绕,形成的纹理和图案多种多样,在全国石展中曾多次获奖。黑色来宾石,质地坚硬,造型奇特,整体看上去,水洗度都很好,润滑光洁。外部形态多样,有的像动物、有的像人物,还有的像错落有致的山峰。这类来宾石属于造型石,其中一些精品具有很高的观赏和收藏价值。

7.8

模 树 石

模树石,又称树模石、柏叶石,古人称松石、松屏石。由于此类石体上的图案大多都呈柏叶状、松枝状,或水草状,酷似这类植物形成的化石,故有"假化石"之称。

模树石可见于多种岩石中,在沉积岩、岩浆岩及变质岩中都有发现,尤其在沉积岩和变质岩中比较常见,最常见的是在沉积岩经浅变质作用形成的板岩中。

模树石上的图案,其形状多类似于柏叶和松枝,但也有些稍大的石体上,除了柏叶状和松枝状图案外,还有一些类似于山川峡谷、乡村田野,或人物、动物、水草等图案。这些图案自然组合在一起,远近层次分明,颜色深浅搭配自然,立体感很强,非常逼真有趣,难怪有人将其称为"远古天然水墨石画"。具有很好的观赏和收藏价值。

模树石这些天然图案的形成,大都是由含氧化锰和氧化铁的溶液,在一定的条件下,沿着岩石的裂隙或层面渗透、浸染、扩散,历经亿万年地质作用形成的。由于渗入溶液所含的化学成分和浓度不同,以及当时的地质环境不同,所形成图案的色彩和深浅也各不相同。有黑色、灰色、紫色、褐色、黄色、红色等,以黑色和灰色居多。

在我国,无论是南方还是北方,很多省区都有模树石产出,应该说模树石在自然界比较常见,但具有较好观赏价值的模树石还是可遇不可求。郴州新闻网曾有题为《神奇! 4亿年前巨型"模树石"惊现桂东》的报道。该块模树石高 2 m、宽1.8 m,形成于 4 亿年前远古时代,不但石体大,而且图案和石体本身的颜色对比度好,图案清晰,类似两株柏树化石,枝叶分布疏密得当,的确神奇,具有很高的观赏价值,是一块不可多得的模树石。

模树石作为观赏石中的一个品种,已被人们认识和接受,并受到人们喜爱,全国各地的石友们陆续发现了一些具有本地特色和较高观赏价值的模树石。在观赏石市场也推出了一些精品,随着观赏石事业的不断发展,相信会有更多更好的精品被发现,这也是大自然馈赠给我们的礼物。

7.9

昆 仑 彩 石

昆仑彩石(又称丹麻石),产于青海省昆仑山中,其主要特征是具有绚丽多姿的花纹图案。

昆仑彩石形成于岩体的破碎带,方解石、褐铁矿、菱铁矿、白云石及粘土矿物等胶结物,在岩石碎块(角砾)之间的缝隙和空洞中结晶沉淀,并形成浅黄色、黄褐色、红棕色的条带或花斑。有的条带呈复式褶皱,有的条带弯弯曲曲极不规则。由花斑构成的图案也是多种多样,有的像田园风光,有的如火山喷发,还有的似人物、动物,等等。

昆仑彩石不仅用来观赏,还可制成花盆、笔筒、镇纸、印章等实用工艺品。

与昆仑彩石特征相似的还有产于广西柳州附近的彩霞石,也是破碎带中的角砾被后期钙质、铁质胶结而成的角砾岩。所形成的花纹图案及色彩,与昆仑彩石基本相同,应将它们合并为一类。考虑到昆仑山为世人所知,故以昆仑彩石作为这类观赏石的名称使用。

7.10
菊 花 石

菊花石也称石菊花,是指具有菊花状图案的岩石或玉石。菊花状图案不是花的化石,而是柱状、针状、纤维状矿物呈放射状或束状排列的集合体。组成菊花状图案的矿物有天青石、红柱石、电气石、阳起石、硅灰石、矽线石、石膏、长石和石英,等等。可以说凡是呈柱状、针状、纤维状的矿物,当它们的集合体在岩石中呈放射状、束状排列时,都可形成状似菊花的图案。菊花石的具体名称,大都是根据组成花朵的主要矿物命名的,如天青石菊花石、红柱石菊花石等;也有少数是根据岩石名称命名的,如流纹岩菊花石。现将这三种菊花石介绍如下:

7.10.1 天青石菊花石

花朵由天青石组成,基底为石灰岩或灰黑色—黑色碳质板岩等。这类菊花石的产地有湖南浏阳、陕西宁强及湖北南部,其中以湖南浏阳产的菊花石品质最佳而名扬海内外。

浏阳菊花石产于浏阳永和镇浏阳河底岩层中,因附近有蝴蝶岭,故有"蝴蝶采菊"之说。相传在清代乾隆年间,当地乡民取石筑坝时,惊喜地发现石中有"菊花",经乡中石匠琢磨雕刻,遂成为贡品。1915 年在巴拿马国际博览会上(会址:美国旧金山),用浏阳菊花石制作的"菊花瓶"荣获金奖。1959 年湖南省向建国 10 周年献礼制作的"菊花石假山",高 1.2 m,宽 40～60 cm,质量达 400 kg,号称"菊魁",陈列于人民大会堂湖南厅,成为瑰宝。1997 年和 1999 年,先后为喜迎香港、澳门回归,湖南省政府又特意制作了两件具有纪念意义的菊花石雕,分别赠给香港、澳门特区政府。

菊花石中的天青石 $Sr[SO_4]$,往往被方解石 $Ca[CO_3]$ 交代,由天青石和方解石组成的花朵呈白色,立体感较强,分布在深灰色或黑色基底上,十分醒目。花朵直径多在 5～8 cm,最大直径可达 30 cm,小的在 3 cm 左右。按照花朵的大小和形态,可分为绣球花、蝴蝶花、铜钱花、凤尾花、蟹爪花等。有的花朵中心还有呈近似圆形的灰黑色燧石构成的花蕊。

7.10.2　红柱石菊花石

　　产于北京西山,又称京西菊花石,是一种被称为"红柱石角岩"的变质岩。该地的菊花石清代已有记载,据说解放前曾用来制作工艺品,后停采至今。菊花由红柱石 $Al_2[SiO_4]O$ 组成,呈灰白色,基底为灰黑色,价值远不如浏阳菊花石。

7.10.3　流纹岩菊花石

　　产于河北省兴隆县,是一种具有特殊构造的流纹岩。当把这种流纹岩磨出光面后,就会清晰地显示出一朵朵怒放的小菊花,有人以"鲜花盛开的岩石"为题,介绍兴隆菊花石。经研究得知,菊花是由像头发丝一样的铁镁矿物雏晶和长石、石英雏晶呈放射状排列组成的。

7.10.4　菊花石的评价

　　评价菊花石品质优劣,应注意以下几个方面:花朵形态要美观、逼真,直径大小适中,在基底上分布错落有致,疏密得当;基底越致密细腻越好,其颜色与花朵的颜色反差越大越好。

　　菊花石作为观赏石直接用来观赏,备受人们青睐。菊花石还是一种玉石,可制作成各种工艺品。

　　目前市场上有菊花石假冒品,其造假方法主要有三种:

　　(1)粘贴法。将白色矿物或岩石的细屑粘贴在事先刻好的槽内,打磨抛光而成。识别特征是具有细砂粒状结构,而不具有天然矿物的晶体形态。

　　(2)镶嵌法。将白色柱状、纤维状矿物或切成的岩石细条,粘贴镶嵌在已刻凿好的凹槽内,再加以修整抛光而成。识别特征是花朵与基底相接处有镶嵌粘胶痕迹。

　　(3)化学法。通过化学褪色处理,使深色岩石局部变为浅色图案。识别特征是花朵没有立体感,构成花朵的矿物组合、结构特征与基底相同。

7.11

梅 花 玉

梅花玉在地质学上的岩石名称为杏仁状安山岩。岩石中的一条条曲折细脉，连接一个个小杏仁体，酷似盛开的腊梅，故名梅花玉。因产于河南省汝阳县境内，又称汝玉，赏石界也称汝阳石。相传早在东汉初期，光武帝刘秀就将梅花玉封为国宝。《直隶汝州全志》记载："汝州有三宝：汝瓷、汝玉、汝帖。"

据地质学研究，安山岩浆在喷溢出地表时，其中的挥发分逸散后，留下圆形、椭圆形的孔洞，形成气孔状安山岩。固态的气孔状安山岩受到地质动力挤压，产生细微破碎裂隙，气孔和微裂隙又被后来的矿物所充填，形成"杏仁体"和细脉，构成了干枝梅图案。

梅花玉的基底颜色为深棕色至黑色，杏仁体有浅红色、白色、黄绿色、暗绿色等。不同颜色的杏仁体，其组成矿物不同。浅红色者由长石组成，白色者由石英或方解石组成，黄绿色者由绿帘石组成，暗绿色者由绿泥石组成。最为常见的是由两种或两种以上不同颜色的矿物组成的多色杏仁体。有些杏仁体还带有美丽的黄色、白色或铜红色镶边，分别被称为镶金边、镶银边和镶铜边，这种梅花玉的磨光面，看上去有点像景泰蓝。

梅花玉的品质优劣评价，除了要看梅花图案是否美观、逼真，还要注意花朵（杏仁体）的颜色，以色彩丰富的浅红色、黄绿色、白色，以及带有美丽镶边的为好。鉴别梅花玉非常简单，仅凭杏仁体形态和干枝梅图案即可。

7.12

大 理 石

大理岩因其著名产地云南大理而得名。在一些人看来，大理岩与大理石是同一种岩石的两个不同称呼，其实两者是有区别的。

在地质学上，大理岩是一种变质岩，主要由重结晶作用形成的细粒—粗粒状碳酸盐矿物组成。较纯的石灰岩以方解石 $Ca[CO_3]$ 为主，重结晶后的岩石称为大理岩。白云质灰岩或白云岩，含有较多的白云石 $CaMg[CO_3]_2$ 或以白云石为主，重结晶后的岩石称为白云质大理岩或白云石大理岩。如果不是出于专业需要,白云质大理岩或白云石大理岩,通常也简称为大理岩。

大理石在我国是商用名称或工艺名称,它既包括上述大理岩,也包括由沉积作用形成的未变质的各种石灰岩,如花斑灰岩、竹叶状灰岩以及含各种古生物化石的灰岩等。

这里讲的大理石观赏石,主要是指具有纹理、图案的大理岩。颜色多为白色、灰白色,也有浅米黄色、浅肉红色等。可具灰色、灰黑色、黄色、紫红色、褐红色等颜色的花纹图案,以美丽的山水风景为主,也有逼真的人物、动物等图案。

大理岩中的花纹图案,是岩石的变质分异作用形成的。即石灰岩中隐晶质的方解石,在变质作用过程中随着温度升高,可转变成较粗粒的方解石晶体,原岩中的某些组分,在间隙溶液中不均匀地迁移聚集,从而形成各种花纹图案。变质分异作用过程中,岩石总的化学成分不发生改变,既没有组分从岩石外部带入,也没有组分从岩石中带出。

大理岩还常遭受热液交代作用,在这个作用过程中,必定有组分的带入和带出,并使岩石中部分原有矿物分解消失和一定数量的新生矿物出现。蛇纹石化就是大理岩尤其是镁质大理岩常发生的一种作用。蛇纹石 $Mg_6[Si_4O_{10}](OH)_8$ 颜色为黄绿色、浅绿色、绿色、暗绿色等,在大理岩中呈脉状、不规则脉状、团块状、浸染状分布,可形成各种各样的花纹图案。这种大理岩被称为蛇纹石化大理岩。我国古代的名玉——蓝田玉,就是一种蛇纹石化大理岩,此外,甘肃的酒泉玉(其中大部分)、山东的莒南玉等,也是蛇纹石化大理岩。

用来观赏的大理石,须加工成光滑的大理石板,镶上木框,或嵌在高档家具上。这在古代早已有之,一些古旧桌、椅、屏风等,常嵌有山水图案的大理石板,更显得古色古香。

▰▰▰▰ 7.13

雪浪石之谜

苏轼(1037—1101),号东坡居士,于 1093 年 8 月至 1094 年 4 月任定州刺史,他在定州任职期间,得一白一黑两方雪浪石,在众春园建雪浪斋,并写《雪浪石诗》:

太行西来万马屯,势与岱岳争雄尊。

飞狐上党天下脊,半掩落日先黄昏。

削成山东二百郡,气压代北三家村。

千峰石卷蠹牙帐，崩崖凿断开土门。

揭来城下作飞石，一炮惊落天骄魂。

承平百年烽燧冷，此物僵卧枯榆根。

画师争摹雪浪势，天工不见雷斧痕。

离堆四面绕江水，坐无蜀士谁与论？

老翁儿戏作飞雨，把酒坐看珠跳盆。

此身自幻孰非梦，故园山水聊心存。

还以诗的形式写成铭文：

尽水之变蜀两孙，与不传者归九原。

异哉炮石雪浪翻，石中乃有此理存。

玉井芙蓉丈八盆，伏流飞空漱其根。

东坡作铭岂多言，四月辛酉绍圣元。

苏轼离开定州后，雪浪石下落不明，成为谜案。此外，白雪浪石属哪一类观赏石？是什么岩性？又是谜。

根据"黑石白脉"这一特征，黑雪浪石应属纹理石和图案石类。而白雪浪石，则很可能是曲阳产的白色大理岩。曲阳大理岩又称汉白玉，洁白晶莹，名扬海内外，开采历史可追溯到汉代。

著名观赏石专家王贵生先生，考察古石多年，为了弄清南京瞻园的雪浪石和镇江金山寺的雪浪石，他三下南京，两访金山寺。因雪浪石与曾任直隶总督的端方(1861—1911)有关，王先生又北上保定市、定州市，并考察了存于定州 51039 医院内的雪浪亭、黑色白脉雪浪石、后雪浪石、玉井芙蓉盆等，在大量资料的基础上，写成《苏东坡的雪浪石》一文。

自苏轼的雪浪石失落后，围绕雪浪石有两种说法。其一是说：在明万历四十八年(1620)，真定(现正定)令郭衢阶于土中发现苏轼盛放雪浪石的盆。清顺治四年(1647)定州知州唐祥兴发现黑色白脉雪浪石。康熙四十一年(1702)定州知州韩逢庥将郭衢阶发现的盆和唐祥兴发现的石置于众春园，建后雪浪斋。道光二十七年(1847)定州知州宝琳重修众春园和雪浪斋。

另一种说法是：宋徽宗建中靖国元年(1101)，张云叟任定州令，雪浪石在雪浪亭，张去世后，雪浪石由张的后裔收藏。1909 年，端方任直隶总督，得知张家有雪浪石，花重金购入。王贵生先生认为，北宋末年天下大乱，经金、元、明、清八百多年，石存张家，可能性极小。

端方死后，石转入厦门林先生府中。20 世纪 30 年代，石落入镇江于小东之手，于辞世后，石入金山寺。石上镌苏轼《雪浪石诗》全文，落款是"东坡居士"。石上还有"雪浪石，欣滕大夫识"、"嘉庆己卯彦章自铭"、"东坡雪浪石，启明记"、"郭尚先铭"等,石头遍体都是字。南京雪浪石是抗日战争胜利后在夫子庙出现的,20世纪50年代置于瞻园,石上有三角形分布的"雪浪石"三字,左下方有"东坡居士书"。

南京瞻园雪浪石和镇江金山寺雪浪石,可能是定州众春园的石头,被端方带到南方来的。也可能是端方自家收藏的观赏石,与定州众春园无关。无论是前者,还是后者,这两方雪浪石都非常珍贵。

后雪浪石身世已清楚,不是苏轼原物。康熙初年,河北临城县令宋广业,在一方高3米多、下部呈近圆形、直径2米多的白石上镌"雪浪"二字,宋声称从定州运来,是苏翁雪浪石,并建亭凿池,后来亭子倒了,石卧荒草。到了乾隆年间,赵州刺史李文耀,得知临城宋广业曾建亭立雪浪石之事,立即派人查找,李获石后,亲自洗涤,见到"雪浪"两篆字,喜出望外,立即上报直隶总督方观成。方上奏乾隆皇帝,并提出将雪浪石移到御花园,被否定。乾隆皇帝认为,既然是苏轼的石头,就应该放置到定州众春园,于是下旨将石运到定州安置。乾隆皇帝对临城雪浪石作了详细考证,得出此石不是苏轼原物的结论。但临城雪浪石形状奇特,也是一方好石,乾隆皇帝赐名"后雪浪石"。现在定州51039医院内存有黑色白脉雪浪石和后雪浪石。

乾隆皇帝爱石,也爱苏轼的《雪浪石诗》,他一生中曾九次和《雪浪石诗》。现将他81岁高龄时和的一首诗抄录如下:

> 坡翁豪兴如云屯,迭难用险称独尊。
> 我今乃频迭至八,讵非见巧令智昏。
> 昨辞恒山循驿路,翼日遂历中山村。
> 村行复不廿余里,郡城洞开因入门。
> 贤令祠虽不致谒,嘉其品行胥忠魂。
> 近曾成咏分甲乙,要之均以学为根。
> 在苏言苏却在石,两石并为留遗痕。
> 然吾究谓磐者实,以坡之迹定其论。
> 坡迹七字孙其韵,手书之泐磐石盆。
> 实证在兹不烦絮,久乃论定千秋存。

嘉庆十六年(1811),嘉庆皇帝写了雪浪石赞。写雪浪石诗的还有山东秦生镜父子等人。两方雪浪石,竟凝聚着如此丰富的文化,这在历史上是非常少见的。

自然界的玉石品种很多,色彩也很丰富,是制作玉器的原料。所有经人工精雕细刻的玉石工艺品,均不属于观赏石之列。作为观赏石的是指那些具有观赏价值、未经雕琢的玉石原石。其中具有奇特造型者,属造型石类(如钟乳状孔雀石,见第 6 章 6.7);具有花纹图案者,属纹理石和图案石(如玛瑙,见第 7 章 7.2);余者才是本章介绍的特色玉石(如羊脂白玉籽料、寿山石等)。

陨石属于天外来客,作为观赏石主要是指那些具有标志性特征的陨石。

8.1 软玉(和田玉)

软玉是我国有着悠久历史的传统玉石,据出土文物考证,早在新石器时代(约一万年至四千年前)就有了软玉制品,如辽宁阜新查海出土的玉器(八千年至七千年前),浙江余姚河姆渡出土的玉器(约七千年前)等。我国历代的玉石制品,在世界上被誉为"东方艺术"、"东方瑰宝",我国也因此而享有"玉石之国"的美称。

在我国,习惯上将软玉和翡翠一并称为"玉",至今仍有人这样称呼。软玉并非很软,它的摩氏硬度为 6~6.5,比玻璃的硬度还大,只是相对于翡翠(6.5~7,也称硬玉)稍低些,故称其为软玉。

由于我国新疆和田产的软玉品质最佳,且开采历史久远,故又称软玉为和田玉,国外也有人将软玉称为中国玉。

我国的玉石文化十分丰富,古人即把玉石人格化、道德化,以"君子比德于玉"作为修身养性的准则,来规范人们的行为。《礼记·聘义》记载了子贡和孔子这样一段对话:子贡问于孔子曰:"敢问君子贵玉而贱碈者何也？为玉之寡而碈之多欤？"孔子曰："非为碈之多故贱之也，玉之寡故贵之也。夫昔者君子比德于玉焉，温润而泽，仁也；缜密以栗，知也；廉而不刿，义也；垂之如队，礼也；叩之，其声清越以长，其终诎然，乐也；瑕不掩瑜，瑜不掩瑕，忠也；孚尹旁达，信也；气如白虹，天也；精神见于山川，地也；圭璋特达，德也；天下莫不贵者，道也。……故君子贵之也。"孔老夫子以儒家的学说理论阐述了玉的哲学含义，概括抽象出了玉所具备的仁、知、义、礼、乐、忠、信、天、地、德、道等十一种纯粹高贵的美德。

此外同玉石有关的成语典故也很多，如珠圆玉润、金玉良言、金科玉律、玉洁冰清、抛砖引玉、宁为玉碎不为瓦全，等等。在人的名字中，使用玉或使用同玉有关的字(如玮、琦、琰、瑜、玲、璐等)，更是屡见不鲜。

在玉石文化中还有延年益寿说、辟邪除祟说等。人们相信通过佩玉、食玉可达到永远年轻的目的，并认为佩玉可驱邪保平安。当然，这只是一种心理作用、精神慰藉。

8.1.1 矿物成分与基本性质

软玉中的矿物成分主要是透闪石和阳起石，可含少量或微量的蛇纹石、滑石、透辉石等。透闪石 $Ca_2Mg_5[Si_4O_{11}]_2(OH)_2$ 和阳起石 $Ca_2(Mg,Fe)_5[Si_4O_{11}]_2(OH)_2$ 是类质同像矿物。根据 $Mg/(Mg+Fe^{2+})$ 的比值进行命名，比值等于大于 0.90 为透闪石；比值小于 0.90，等于大于 0.50 为阳起石；比值小于 0.50 为铁阳起石。软玉具有纤维变晶结构，透闪石、阳起石呈纤维状交织在一起，而且大都非常细小，当在显微镜下也无法分辨矿物个体轮廓时，称其为毛毡状显微隐晶质变晶结构。矿物颗粒越细小，软玉的质地就越细腻。

软玉的摩氏硬度为 6～6.5；韧性与翡翠相同，在所有玉石中软玉和翡翠的韧性最好；密度 2.95 g/cm³ 左右；折射率 1.606～1.632；玻璃光泽至油脂光泽或蜡状光泽；有多种颜色，其中以白色尤其是羊脂白玉最为名贵。

8.1.2 品种

1. 按矿床类型划分

(1) 山料。即从矿山开采出来的原生软玉，呈棱角状块体，新鲜，无风化形成的皮，属于原生矿。

(2) 籽料(又称籽玉)。指经过长距离搬运、滚磨，在河床中堆积的软玉砾石，呈圆形、扁圆形等，俗称卵石，表层有风化形成的皮，也有的籽料无皮。还有一种被称为"山流水"的软玉,是一种搬运距离较近(原地或附近)的残积、坡积砾石。它们都属于砂砾矿。

2. 按颜色划分

(1) 白玉。颜色为白色的软玉,几乎全部由不含铁或含铁量很低的透闪石组成。白色可分为羊脂白、梨花白、雪花白、象牙白、糙米白、鸡骨白等。其中以羊脂白玉最贵重,这是因为羊脂白玉不仅白度好,状如凝脂,而且非常稀少,迄今为止仅在我国新疆有产出。

(2) 青玉和青白玉。青玉是一种呈淡青绿色或淡灰绿色的软玉。青白玉的颜色介于青玉和白玉之间,是一种似白非白、似青非青的软玉。

(3) 碧玉。呈绿色至暗绿色的软玉。在岩石学上有一种叫做碧玉岩的硅质岩,主要由自生石英和玉髓矿物组成。碧玉不同于碧玉岩,要注意两者的区别。

(4) 黄玉。呈黄色、米黄色的软玉。在矿物学上有一种叫做黄玉或黄晶的矿物(宝石名称叫做托帕石),不要把黄色软玉同矿物黄玉混淆起来。

(5) 墨玉。呈黑色、灰黑色的软玉。由石墨致色,颜色不均匀,往往夹杂有青色或白色条带。

(6) 糖玉。颜色像红糖一样的红色、褐红色或紫红色软玉。

(7) 花玉。一块玉石上具有多种颜色、构成一定花纹的软玉。如虎皮玉、花斑玉、巧色玉等。

世界上产软玉的国家有俄罗斯、澳大利亚、加拿大、美国、新西兰、朝鲜、巴西等。我国的软玉产区有新疆、台湾、四川、青海、甘肃、西藏等。其中新疆是最主要的产区,尤其是南疆的昆仑山和阿尔金山一线,西起帕米尔高原的塔什库尔干,向东经莎车、叶城、墨玉、和田、于田、且末,直到若羌,绵延一千多公里,矿点二十余处。

8.2

寿　山　石

寿山石的开发利用已有一千多年历史,出土文物表明,南北朝时已将寿山石用作工艺美术材料。

8.2.1　基本特征

寿山石因产于福建省福州市北郊的寿山乡而得名。它与昌化石、青田石和巴林石一同被列为我国四大印章石。

关于寿山石的矿物成分,有人认为是叶蜡石,也有人认为主要是地开石、高岭石和珍珠石,其次是叶蜡石。地开石、高岭石和珍珠石都是粘土矿物,同属高岭石族,三者是一种特殊类型的同质多像(即多型),它们的化学式完全相同,为 $Al_4[Si_4O_{10}](OH)_8$。叶蜡石的化学式为 $Al_2[Si_4O_{10}](OH)_2$。寿山石主要是由酸性火山岩如流纹质凝灰岩、流纹岩等,经火山热液交代蚀变形成的。粘土化和叶蜡石化之间有着密切的关系,当叶蜡石化发生时,常伴随有粘土化,随着叶蜡石化作用增强,粘土矿物才会被叶蜡石交代,数量逐渐减少,直至形成以叶蜡石为主要矿物成分的叶蜡石岩(玉),但其中仍含有少量的粘土矿物。正是这个原因,使得寿山石的矿物成分及含量有所不同。

寿山石呈隐晶质块体,质地细腻温润。颜色多种多样,有白色、黄色、绿色、红色、紫色、褐色、黑色等,有的为单一色,有的为杂色。具蜡状光泽或油脂光泽。半透明、微透明至不透明。密度2.6～2.9 g/cm³。摩氏硬度一般为 2～3,适于雕刻,是制作印章的优质材料,故又被称为印章石或图章石。

8.2.2 田黄石——寿山石中的极品

根据寿山石的分布规律和产出位置,可将寿山石划分为田坑石、水坑石和山坑石三大类。就寿山石的品质来说,田坑石最佳,水坑石次之,山坑石又次之。

1. 田坑石

田坑石是指产于寿山溪旁水田底下的零星块状寿山石。原生的寿山石(即山坑石),经风化剥蚀,一些机械破碎的块体,被水搬运到低洼处沉积下来。由于受到含有多种化学成分的水长期浸泡,外部的透明度较高,可呈胶冻状,质地更显得晶莹、温润。严格地说,田坑石是由寿山石经过改造而成的。田坑石中的黄色品种称为田黄石,简称田黄,最为珍贵,尤其是半透明或近于透明的田黄冻,是田黄石中的最上品。

田黄具有"萝卜纹"状细脉纹,或红色格纹(或红筋)。对于"萝卜纹"这种独有特征和"无纹不成田",大家一致认同。但将红色格纹作为田黄的标志,并称"无格不成田",则存在不同意见。有人通过研究认为,所谓的"红格"原来是微裂隙,后被氧化铁充填胶结,所以田黄中没有"红格"也不足为奇。如果田黄的外部呈黄色,内部为白色,称为"金裹银";如果外部呈白色,内部为黄色,则称为"银裹金"。白色田坑石称为白田,红色田坑石称为红田,黑色田坑石称为黑田。优质田黄的块度一般较小,多为几十克,最大可达 4.3 kg,大块者往往透明度低。现在田黄已很难采到,故其价格成倍、甚至数十倍增长。

2. 水坑石

水坑石是指产于寿山乡坑头山麓矿脉中的寿山石。因采矿坑洞延伸至溪涧之中,故称为水坑石(也称坑头石)。由于水坑石产地的地下水丰富,矿石长期受地下水的浸泡、侵蚀,所以透明度较好,富有光泽,且质地细腻,品质虽不及田坑石,但优于山坑石。那些"晶"、"冻"之类的优质寿山石品种大都产于此地。

3. 山坑石

山坑石是指从原生矿采出的寿山石。往往因矿脉脉系不同,或产地不同而各具特色,甚至同一条矿脉、同一个坑洞采出来的寿山石,颜色、质地也常有变化。所以山坑石的品种和名称繁多,也显得杂乱。

寿山石除主要分布于福州地区的寿山乡及其附近外,在福建的宁德、莆田、晋江等地也有少量产出。

田黄石不但被称为"印石之王",而且还戴上了"石帝"的桂冠,清代即有"一两田黄一两金",或"易金数倍","黄金易得,田黄难求"之说。

人们如此喜爱田黄,不仅因为它美观、稀少,还因为它与明朝开国皇帝朱元璋和清朝乾隆皇帝有关。相传在元朝末年,朱元璋还是一个四处流浪的乞丐,不但衣食无着,而且浑身生疮,生活十分不幸。一天,他流落到福州寿山乡,又累又饿,天还下着大雨,他就躲进一个茅草棚。原来茅草棚遮盖着的是一个采矿坑,坑内有一堆采矿留下的较干燥的石粉和碎石,朱元璋往上一躺,很快就睡着了。当他醒来的时候,身上沾满了石粉,浑身的疮竟然全都好了。他意识到这种石粉非同一般,于是就装了一袋石粉收藏起来。在他当上皇帝之后,仍未忘记石粉之恩,特派太监赶赴寿山,开采这种美石供他观赏。此石就是田黄石,从此朱皇帝与田黄石结下了不解之缘。这个故事中,治好朱元璋浑身疮的石粉,应该是山坑石(即原生的寿山石)石粉,不可能是田黄石粉,因为田黄石是埋藏于水田底下的零星块体,是从泥中挖出来的,采挖过程中不会产生石粉和碎石。

到了清代乾隆年间,相传有一天,乾隆皇帝召集文武百官到天坛祭天,供桌上竟出现了一块大田黄石,众官员感到奇怪,不知是何道理。原来在这之前的一天夜里,乾隆皇帝梦见玉皇大帝赐给他一块黄色的石头,并用御笔亲自写下了"福寿田"三字。乾隆皇帝醒后,百思不得其解,遂将此事告诉了身边侍从。这时一位福建籍的老太监连忙跪在地上说道:"奴才故乡福州寿山出产田黄石,莫非这就是'福寿田'三字之原意?"乾隆皇帝听了,感到确有道理。继而思之,田黄石既"福"又"寿",象征着"福寿双全"、"多福多寿",何不在祭天时放上一块,以保天下太平,人寿年丰呢? 于是供桌上出现了田黄石。自此之后,田黄石更加珍贵。

8.3

鸡 血 石

据传在古代,浙江临安昌化的玉岩山上飞来一对凤凰,给当地方圆几十里带来了长久的风调雨顺,五谷丰登。一天,有位年轻的猎人上山打猎,他把凤凰误认为是山鸡,便开枪射击,凤凰被击中了,鲜血一滴一滴流出来,染红了山上的岩石。从此以后,这里的人们竞相传说玉岩山上的岩石是凤凰血染红的,因为它红得像鸡血一样,所以被称为鸡血石。鸡血石鲜艳的色彩,象征着凤凰的无比高贵。

昌化鸡血石的开发利用始于明代,最初以民间雕刻工艺品面市,富有者购得后作为收藏品或馈赠礼品。由于它罕见珍奇,至清代受到了王公贵族的重视,并制作出了许多精美工艺品,包括印章,主要供皇家和官府享用。清乾隆四十九年(1784),浙江天目山主持曾献给乾隆皇帝一方 8 cm 见方的鸡血石,这块鸡血石被刻上"乾隆之宝",并在其上注明"昌化鸡血石",此宝现存于北京故宫珍宝馆。1972年,日本首相田中角荣访华时,周恩来总理将一对鸡血石印章作为国礼赠送给田中角荣。这对黄冻地鸡血石印章,图纹对称,血形如云彩,命名"红云图",象征着中日建交的成功。这件事影响很大,在日本和我国的港台地区以及东南亚等地,掀起了鸡血石热,至今不衰。

鸡血石指的是昌化石和巴林石中含辰砂(HgS)的品种,为我国特有的珍贵玉石,而且在我国也只有两处产地,一处是浙江临安的昌化,另一处是内蒙巴林右旗。

8.3.1 昌化鸡血石

昌化鸡血石因产于我国南方,又称"南血"。主要组成矿物为粘土矿物(包括地开石、高岭石、珍珠石)、叶蜡石和辰砂,有少量明矾石、石英等。辰砂呈艳丽的红色,具金刚光泽,在鸡血石中含量变化较大,一般在 20% 左右;全红者如大红袍,辰砂含量可达 70% 以上,但很少见;含量低者不足 1%。

鸡血石呈隐晶质致密块状,具蜡状光泽或油脂光泽,半透明至微透明,摩氏硬度 2~3。因辰砂的密度较大,为 8.05 g/cm³,故鸡血石的密度主要随辰砂的含量多少而变化,通常在 2.7~3.0 g/cm³。

8.3.2　巴林鸡血石

巴林鸡血石因产于我国北方,又称"北血"。主要组成矿物与昌化鸡血石相似,其摩氏硬度、密度、质地、光泽等特征,也基本与昌化鸡血石相同。由于昌化鸡血石越来越难以采到,产量不断减少,而巴林鸡血石的产量相对较大,并曾采到一块51 cm×34.5 cm×24.7 cm的大块"鸡血石王"。

巴林鸡血石的开采始于民国初年,比昌化鸡血石大约晚五百年。抗日战争期间,曾遭到日本侵略者的掠夺性开采。1981年,巴林右旗被轻工业部定为我国印章石重要原料产地之一,各种巴林石工艺品的产量、销量、创汇额,均超过昌化石。

鸡血石实际上是一种特殊类型的汞矿石,但也并非所有含辰砂者都是鸡血石。作为鸡血石除了要具备工艺美术条件外,还要具有与昌化石、巴林石相似的矿物成分,否则不能称为鸡血石。例如产于吉林省的一种含辰砂石英岩(脉),由石英和辰砂组成,质地非常细腻,被称为朱砂玉或硅质鸡血石,而不能称为鸡血石。这种玉石也可作为观赏石。

鸡血石品质的优劣,取决于两个方面:一是地子,二是"鸡血"(即辰砂)含量、"鸡血"形态和整体分布特征。地子是指除辰砂以外的部分,常呈白色、黄色、粉红色、藕粉色、灰绿色、黑色等。如果地子不含"砂钉",致密细腻、透明度好,称为"冻地",是很好的地子。就辰砂含量来说,含量高者胜于含量低者,全红者为上品。鸡血的形态有团块状、条带状、斑点状、云雾状、彩虹状等。虽说辰砂含量的多少影响鸡血石的品质,但如果地子好,鸡血形态和纹饰美观,即使辰砂含量少,也不失为上品。

8.4

青　金　石

青金石庄重而浓艳的蓝色,素有"天青"、"帝青色"之美誉;星散状分布的黄铁矿晶粒,犹如繁星点点。正如章鸿钊在《石雅》中引述 G. F. Kunz 之语:"青金石色相如天,或复金屑散乱,光辉灿灿,若众星之丽于天也。"

人类对青金石的认识和利用历史悠久,早在公元前五六千年阿富汗就发现并开采青金石,其产品曾销往世界各文明古国。古代阿拉伯人非常喜爱青金石,尤其喜爱深蓝色含有星点状黄铁矿的品种,因为这种品种之美丽,宛如晴朗无月的夜空星光灿灿。在古埃及,青金石被列于黄金和其他许多珍宝之前。

青金石在我国古代,除用作玉料外,也用来生产颜料。据有关人士研究,敦煌莫高窟、敦煌西千佛洞自北魏至清代的壁画、彩塑,都有用青金石作蓝色颜料的。至于我国古代所用的青金石来自何地,一般认为来自国外,很可能来自阿富汗,经西域进入我国内地。

青金石作为矿物名称,指的是一种钠和钙的铝硅酸盐矿物,化学式为$(Na, Ca)_8[AlSiO_4]_6(SO_4, Cl, S)_2$;作为玉石名称时,指的是由青金石、黄铁矿、方解石,以及透辉石、方钠石、云母、角闪石等矿物组成的集合体,是一种以青金石矿物为主或含青金石矿物的玉石,且是一种古老的玉石品种。

青金石的摩氏硬度5~6;密度2.4~2.9 g/cm³,一般为2.75 g/cm³,密度大小与有无黄铁矿及黄铁矿的多少有关(黄铁矿密度约为5 g/cm³)。其颜色为深蓝色、紫蓝色、天蓝色、绿蓝色,常有黄色(黄矿铁)、白色(方解石)斑点或斑块。

根据青金石中的矿物成分及含量,通常将青金石分为以下四种:

8.4.1　青金石

青金石几乎全由青金石矿物组成,不含黄铁矿、方解石等杂质矿物,质纯色浓,为青金石中的极品。因不含黄铁矿,看不到金星般的黄铁矿斑点,故有"青金不带金"之说。

8.4.2　青金

青金主要由青金石矿物组成,含有少量黄铁矿及其他杂质矿物,可见到稀疏的星点状黄铁矿,无白色斑点,为青金石中的上品。

8.4.3　金格浪

金格浪中的青金石矿物比以上两种明显减少,含有较多的黄铁矿及其他杂质矿物,可见密集的黄铁矿斑点,并有白斑和白花。

8.4.4　催生石

催生石因古代传说青金石有助产之功效而得名。其中的青金石矿物很少,一般不含黄铁矿,而是以方解石等杂质矿物为主。块体上仅见蓝色斑点,或蓝色、白色呈斑杂状分布。

世界上产青金石的国家主要有阿富汗、俄罗斯、美国、智利、巴西、印度、巴基斯坦、加拿大等。就目前已知的青金石矿床来看，几乎全都属于接触交代矽卡岩型矿床。

本章仅介绍了四种玉石观赏石，其实能够作为观赏石的玉石还有很多，如独山玉、岫玉、青田石等，这里不再一一介绍。

8.5

陨 石

陨石是指宇宙空间的流星降落到地球上的石体。大部分流星还没有到达地面就在大气层中烧掉了，只有一小部分能够降落到地面。地球形成至今约有 46 亿年，在这漫长的地质历史时间里，有不计其数的陨石光临地球，由于地球演化、地壳运动，早期的陨石及产生的陨石坑已难觅踪迹。人类发现和收集到的陨石仅是其中很少的一部分。陨石的大小相差悬殊，小的陨石用肉眼难以观察到，大的陨石可达数十吨。据加拿大科学家对 10 年的观测资料进行分析测算得出的结论，每年降落到地球上的陨石总质量约 21.3 吨，其中质量在 1 千克以内的约有 19 000 块，在 1 千克以上的约有 4 100 块，在 10 千克以上的约有 830 块。虽然每年都有如此之多的陨石，但全世界每年只能收集到很少一部分。陨石是人类直接认识太阳系演化的珍贵样品。

我国是世界上最早发现陨石的国家之一，早在石器时代就发现了这一天文现象。古时候称陨石为陨星、陨铁、落星石等。《史记•天官书》上称："星坠至地，陨石也。"说明我国古代已对陨石有了初步的科学认识。

截止到 2006 年 3 月，我国赴南极科考队，已在南极采集到 9 834 块陨石，数量之多，仅次于美国和日本。尤其是自 2005 年 11 月 18 日出发，于 2006 年 3 月 28 日返回上海的第 22 次赴南极科考，一次就采集到陨石 5 354 块（其中包括我国在南极取得的第一块月球陨石），超过前三次采集的总和。

根据陨石的物质成分，可将陨石划分为石陨石、铁陨石和石-铁陨石。

8.5.1 石陨石

石陨石主要由橄榄石、辉石、斜长石等硅酸盐矿物组成，含有少量金属铁的微粒。密度约为 $3.0\sim3.5\ g/cm^3$。石陨石约占陨石总数的 95.6%。

1976 年 3 月 8 日 15 时，我国吉林突降的陨石雨，是当代世界上最大的陨石雨，散落范围约 590 平方千米,共收集到 200 多块陨石,总质量达 2.7 吨,其中最小的一块 0.5 千克,最大的 1 号陨石为 1 770 千克,远远超过美国收藏的 1 078 千克的石陨石,名列世界单块石陨石质量之首。

8.5.2 铁陨石

铁陨石也称陨铁。主要由 80%～95% 的铁和 5%～20% 的镍组成,含有少量硫化物、碳化物等。密度一般为 8.0～8.5 g/cm³。铁陨石约占陨石总数的 3.2%,其价值较石陨石高。

现存于乌鲁木齐市新疆展览馆后院的一块铁陨石,长 2.42 米,宽 1.85 米,高 1.37 米,质量约 30 吨,位居世界铁陨石第三,是新疆青河县群众于 19 世纪末在当地发现的。至于这块稀世大陨铁是何时降落到地球上的,无从查考。该铁陨石 1917 年才开始载入文献,1965 年运至乌市。该陨石含铁 88.67%,含镍 9.27%,还有微量的钴、铬、磷、硫、硅、铜等。陨石中共有 8 种矿物,其中 6 种是地球上至今未发现的宇宙矿物,即锥纹石、镍纹石、高镍纹石、合纹石、陨硫铁和磷铁镍矿。由于陨石表面有几处裸露出内部的银灰色,再加上陨石上部有两处相对隆起,看上去犹如驼峰,故当地群众称其为"银骆驼"。

8.5.3 石-铁陨石

石-铁陨石又称中铁陨石。由硅酸盐矿物和铁、镍组成,物质成分介于上述两种陨石之间。密度 5.5～6.0 g/cm³。石-铁陨石仅占陨石总数的 1.2% 左右。

著名的石-铁陨石,见于山东省莒南县铁牛庙村,当地居民称其为"铁牛",陨石长 1.40 米,宽 0.80 米,厚 0.45～0.80 米,质量 3.72 吨,居世界石-铁陨石之首。该陨石实测密度 6.2 g/cm³,铁含量占 70% 以上,其次为硅、铝、镍,有少量铬、磷、硫、碳。

除石陨石、铁陨石和石-铁陨石外,还有一种玻璃陨石(也称雷公墨)。玻璃陨石是具有各种形状的富硅玻璃体,二氧化硅含量多在 68%～82%。颜色有黑色、绿黑色、褐黑色。通常只有核桃般大小,大的可达数千克。关于玻璃陨石的成因迄今仍是个谜,有人认为它来自月球,有人认为它是地球岩石受到巨大冲击而形成的。

来自宇宙空间的陨石具有如下鉴别特征:表面具有一层薄薄的灰黑色或蓝灰色熔壳,熔壳上有大小不等的熔坑,这些都是陨石独有的特征,也是重要的鉴别依据。此外,陨石中的矿物是不含水的,而地壳岩石中总是或多或少有含水矿物。

9.1 概　述

化石是地质历史时期埋藏在沉积地层里的古生物遗体或活动遗迹。古生物和现代生物，一般以距今约一万两千年前的全新世开始为分界，即全新世以前的为古生物，从全新世起至今的为现代生物。如现代海洋中的珊瑚，以及现代海滩中的贝壳等，都不属于古生物化石。各地质年代的生物及其主要特征见表9-1。

9.1.1　古生物化石的分类

古生物化石，可分为实体化石和遗迹化石。

实体化石是指由古生物遗体本身形成的化石，它们主要是易于保存的生物体中较坚硬的部分，如无脊椎动物的外壳、脊椎动物的骨骼、植物的木质纤维等。

遗迹化石是古生物生活、活动时留在沉积地层表面或内部的痕迹或遗物。如足迹、虫孔、卵生动物的蛋化石、古人类所使用的石器等。也有将古生物遗体留在沉积地层中的印痕单独划作一类，称为印模化石。其实足迹和印模都是古生物留下的痕迹，可将印模化石并入遗迹化石中去。

古代生物能够形成化石并保存下来的地质环境，一是要有沉积物迅速将其遗体或遗迹掩埋起来，二是含有化石的沉积地层不会被风化剥蚀掉，能够保存下来。当然，有些化石如琥珀（即树脂化石）、硅化木等，由于自身抗风化能力强，虽然沉积地层被风化剥蚀，但这些化石仍能得以保存。

9

古生物化石和现代生物质石体

表 9-1　地质年代表

相对地质年代					同位素年龄/百万年	生物	
宙(字)	代(界)	纪(系)	世(统)			植物	动物
显生宙(字)PH	新生代(界)Kz	第四纪(系)Q	全新世(统) 更新世(统)	Qh Qp	2.6	被子植物	哺乳动物
		新近纪(系)N	上新世(统) 中新世(统)	N₂ N₁	2.3		
		古近纪(系)E	渐新世 始新世(统) 古新世	E₃ E₂ E₁	65.5		
	中生代(界)Mz	白垩纪(系)K	晚(上)白垩世(统) 早(下)	K₂ K₁	145.5	裸子植物	爬行动物(恐龙)
		侏罗纪(系)J	晚(上) 中(中)侏罗世(统) 早(下)	J₃ J₂ J₁	199.6		
		三叠纪(系)T	晚(上) 中(中)三叠世(统) 早(下)	T₃ T₂ T₁	251		古爬行动物
	古生代(界)Pz	晚古生代(界)Pz₂ 二叠纪(系)P	晚(上) 中(中)二叠世(统) 早(下)	P₃ P₂ P₁	299	孢子植物	
		石炭纪(系)C	晚(上)石炭世(统) 早(下)	C₂ C₁	359		两栖动物
		泥盆纪(系)D	晚(上) 中(中)泥盆世(统) 早(下)	D₃ D₂ D₁	416		鱼
		早古生代(界)Pz₁ 志留纪(系)S	末(顶) 晚(上)志留世(统) 中(中) 早(下)	S₄ S₃ S₂ S₁	444	藻类	海生无脊椎动物
		奥陶纪(系)O	晚(上) 中(中)奥陶世(统) 早(下)	O₃ O₂ O₁	488		
		寒武纪(系)Є	晚(上) 中(中)寒武世(统) 早(下)	Є₃ Є₂ Є₁	542		
元古宙(字)PT	新元古代(界)Pt₃	震旦纪(系)Z	晚(上)震旦世(统) 早(下)	Z₂ Z₁	680	菌藻类	海生小壳动物
		南华纪(系)Nh	晚(上)南华世(统) 早(下)	Nh₂ Nh₁	850		
		青白口纪(系)Qb	晚(上)青白口世(统) 早(下)	Qb₂ Qb₁	1 000		海生低等多细胞动物
	中元古代(界)Pt₂	蓟县纪(系)Jx	晚(上)蓟县世(统) 早(下)	Jx₂ Jx₁	1 400		
		长城纪(系)Ch	晚(上)长城世(统) 早(下)	Ch₂ Ch₁	1 800		
	古元古代(界)Pt₁				2 500		
太古宙(字)AR					4 000		
冥古宙(字)HD					4 600		

（据　汪新文）

9.1.2　古生物化石真伪鉴别

购买、收藏化石,首先要对化石的真伪进行鉴别,凡是人为作假的化石,总会留下一些蛛丝马迹,只要细心观察,不难发现。

1. 仿雕化石

原本就不是化石,而是仿造某种化石的主体形态、构造,由人工雕琢而成。仿雕化石如鹦头贝、三叶虫、贵州龙等,它们都有雕刻的痕迹,不具有生物体的细微构造,且"化石"体与附着的围岩岩性相同。

2. 拼合化石

将本不在一起的几个单体,或本不属于同一单体的化石碎片,人为地拼合在一起,以求得整体美观的效果。例如有人将单个恐龙蛋拼合成一窝恐龙蛋,或者将几个恐龙蛋的碎片拼合成一个完整的恐龙蛋。这类化石有一个共同特征,即拼合处的缝隙中常有粘胶或充填的粉末。如果不是同一单体的碎片拼合,其细微构造在拼合处常表现出不协调。

应当指出的是,有的化石本来就是一个单体(或群体),例如页岩中的鱼化石,只是在采集或运输过程中,不慎使其断开,将这种断开的化石,重新粘接起来,虽然是一种瑕疵,但不属于拼合化石。

3. 描绘化石

用颜料描绘出化石的缺损部位。鉴别方法是用棉签蘸水或酒精,轻轻擦拭描绘部位,可使棉签染色。

9.2

珊 瑚 类 化 石

珊瑚是生活在浅海的底栖固着腔肠动物。珊瑚化石常保存于石灰岩及泥灰岩中,其形态有单体和复体两种。单体珊瑚一般呈角锥状、拖鞋状、圆柱状。复体珊瑚由许多个体组成,呈丛状或块状,丛状复体中的个体常呈圆柱状,块状复体中的个体常呈多角柱状。

9.2.1　单体珊瑚化石

1. 贵州珊瑚

贵州珊瑚属四射珊瑚。其特征为大型单体,一般体长15～30 cm,体径 4～7 cm,呈弯曲角锥状,颇似牛角(见图 9-1),乡民称其为"牛角石"。珊瑚体外壁上常具有密集的横向环状生长纹,风化后可见到在平行纵列的隔壁之间,规则地排列着细小的鱼鳞状鳞板。横断面上可见有呈放射状排列的隔壁及隔壁间的鳞板。

贵州珊瑚常见于我国西南地区,如广西、贵州、云南等地的下石炭统石灰岩及泥灰岩中。

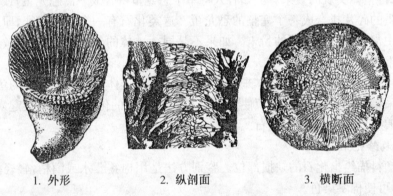

1. 外形　　　　　2. 纵剖面　　　　　3. 横断面

图 9-1　贵州珊瑚

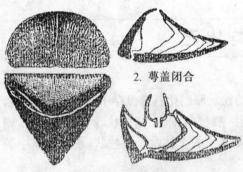

2. 萼盖闭合

1. 外形(上方为萼盖)　　3. 萼盖张开,触手外露

图 9-2　拖鞋珊瑚

2. 拖鞋珊瑚

拖鞋珊瑚属四射珊瑚。单体相对较小,外壁很厚,一面平坦,另一面拱起,外形呈拖鞋状(见图 9-2),故名。珊瑚体顶部中间凹陷很深,凹陷部位称为萼,其上有一半圆形的盖板,称为萼盖,盖上常见短粗的隔壁脊,在珊瑚体平坦一面的内缘也常可见到隔壁脊。拖鞋珊瑚主要产于广西中部和云南东部中泥盆统钙质泥岩和泥灰岩中。

9.2.2 复体珊瑚化石

1. 六方珊瑚

六方珊瑚属四射珊瑚。复体呈 10～30 cm 的块体,由多角柱状的个体组成。顶部及周围表面具有蜂巢状的萼部凹穴,横断面上可见到直径 6～15 mm 的多边形。多边形大都为不规则六边形,故名六方珊瑚(见图 9-3)。纵切面上可见长柱状个体呈扇形排列。六方珊瑚主要产于云南、贵州、四川、广东、广西、湖南及秦岭西部的中泥盆统石灰岩、泥灰岩中。

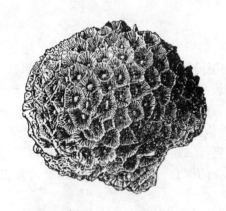

图 9-3 六方珊瑚块状复体

图 9-4 笛管珊瑚丛状复体

2. 笛管珊瑚

笛管珊瑚属横板珊瑚。复体呈分枝丛状,由圆柱形个体组成(见图 9-4)。个体之间有横向连接管相连接,横断面上仅见分离的圆形个体,纵切面上呈分枝丛状。主要产于广西、湖南、贵州等地的下石炭统石灰岩、泥质灰岩及泥灰岩中。

珊瑚可分为横板珊瑚、四射珊瑚、六射珊瑚和八射珊瑚四个大类,有许多属种,凡形体美观的珊瑚化石,都可作为观赏石。

9.3

三叶虫类化石

三叶虫属节肢动物,一般栖居于泥灰质或泥质海底,少数漂游或钻入泥中。三叶虫在寒武纪(距今 6 亿～5 亿年前)最为繁盛,奥陶纪(距今 5 亿～4.4 亿年前)时仍较繁盛,其后逐渐衰退,至古生代结束(距今 2.25 亿年前)而绝迹。三叶虫化石常保存于石灰岩、泥灰岩或钙质页岩中。

三叶虫虫体有背部、腹部之分。腹部有附肢,供爬行之用。背部为角质(几丁质)甲壳,称为背甲,是三叶虫经常保存为化石的部分。背甲分头甲、胸甲和尾甲三个部分。背甲上有两条纵沟,称为背沟。两条背沟将背甲分为轴部和左右对称的两个肋部。因其在纵向和横向上都可分为三个部分,故有"三叶虫"一名。虫体一般 3～5 cm。保存完整的三叶虫化石并不少见,由头甲、尾甲分散保存的化石更为常见。

9.3.1 蝙蝠虫

完整的蝙蝠虫体长 3～8 cm,常见头甲、胸甲、尾甲分散保存的化石。尾甲形态与众不同,最具鉴别意义。即在半圆形尾甲前端两侧,有一对向后伸出的粗壮长刺,两长刺之间有锯齿状小尾刺(见图 9-5)。因尾甲形似蝙蝠,故将含这种化石的泥灰岩称为蝙蝠石。早在晋代,郭璞注释的《尔雅》就曾谈到齐人以蝙蝠石为砚。明代张华称之为"多福砚";清代盛百二在《砚录》中称之为"鸿福砚"。直到现在,用蝙蝠石制作的砚台,仍深受人们喜爱,既可赏虫,又可研墨。

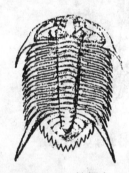

图 9-5 蝙蝠虫

蝙蝠虫化石主要产于华北地区及山东西部,尤其是山东西部最为丰富,此外在湖南西部及云南靠近中越边界一带,也有产出。时代属晚寒武世,距今 5 亿多年前。

9.3.2 王冠虫

完整的王冠虫体长 3～6 cm。头甲呈半圆形,两侧具有长颊刺伸向后方,头甲核部的头鞍前节特大,呈大棒状;活动颊边缘有八个大凸瘤,看上去整个头甲遍布粗瘤。胸甲十一节。尾甲呈三角形,轴节较肋节细密,节数多于肋节(见图 9-6)。王冠虫主要产于四川南部、贵州北部和湖北西部,在安徽、江苏等地也有产出。时代属 4 亿多年前的中、晚志留世。

我国是产三叶虫化石最多的国家之一,三叶虫化石属种多,分布广,南方北方均有产出。这里仅介绍了两种,其他三叶虫化石,只要形体美观,都可作为观赏石。

图 9-6 王冠虫

腕足类化石

腕足类动物是海生底栖动物,其属种繁多,形体、大小不尽相同,但它们都具有两瓣硬壳。多数腕足类动物生存于古生代,少数延续到中生代,现代海洋里还有极少数代表。志留纪至二叠纪是腕足动物的繁盛时期,其化石主要产于各省区古生代石灰岩、泥灰岩及钙质页岩中,特别是湖南、湖北、广西、云南、贵州,这类化石最为丰富。

9.4.1 石燕

在中药店有一味中药叫作"石燕",其实石燕就是一种较小的腕足动物化石。古代对石燕有不少有趣的描述,东晋著名画家顾恺之在《启蒙记》中写道:"零陵郡有石燕,得风雨则飞如真燕。"北魏卓越地理学家郦道元在《水经注》中称:"石燕山有石绀而状燕,因以名山。其石或大或小,若母子焉。及雷风相薄,则石燕群飞,颉颃如真燕矣!"

石燕类包括始石燕、弓石燕、巅石燕等,现介绍两种如下:

1. 始石燕

始石燕体型较小,体宽 2 cm 左右,呈半椭圆形或近似长方形,背壳、腹壳均凸起。腹壳中央有一深的纵沟,称为中槽;背壳中央有一相应的隆起,称为中隆。在中槽、中隆两侧有数条粗大的放射状条纹(见图 9-7)。常见于我国 4 亿多年前的中、晚志留世。

图 9-7 始石燕

2. 弓石燕

弓石燕是中药店的常见品种,其个体大小及形状与一般菱角相近。两壳双凸,腹壳具有鸟嘴状尖喙,中央有下凹的中槽;背壳略小,中央有凸起的中隆;中槽、中隆的放射状纹细密,作分枝式或插入式增多,两侧的放射状纹较粗,无分权增多现象(见图 9-8)。主要产于湖南的上泥盆统泥灰岩及钙质泥岩中。时代为晚泥盆世,距今 3.5 亿年前。

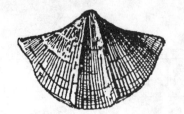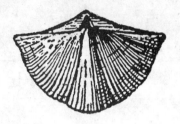

图9-8　弓石燕

9.4.2　鸮头贝

鸮头贝个体较大，最大可超过 10 cm。鸮，又称猫头鹰，也作鸱鸮科各种猛禽

的通称。这类猛禽，头大，嘴短而弯曲。鸮头贝因形体很像这类猛禽的头部而得名。背壳、腹壳双凸，呈心形至球形，腹壳壳喙高突、尖锐，向背壳弯曲呈钩状（见图9-9）。当外壳新鲜未风化时，可见细的同心纹，通常壳面光滑，见不到纹饰。主要产于云南东部及广西中部的中泥盆统泥灰岩、石灰岩及白云岩中。

左：侧视；右：背视

图9-9　鸮头贝

9.5

头足类化石

在头足类化石中，最具观赏价值的是鹦鹉螺类化石和菊石类化石。

9.5.1　鹦鹉螺类

该类动物初见于寒武纪，奥陶纪时最为繁盛，此后迅速衰退，现今只有鹦鹉螺一属残存。常见的鹦鹉螺类化石有直壳状的角石和卷壳状的盘角石。

1. 震旦角石

震旦角石以前称为中华角石。震旦角石以及其他直壳状角石，如鞘角石、壁角石、阿门角石等,形似宝塔,故我国古代称其为"宝塔石",或误称为"竹笋化石"。壳体呈直而长的尖细圆锥形,表面具波状横纹,遭受风化后或纵向剖开时,可见到壳体内呈漏斗状的梯板,其狭窄一端指向壳体尖端(见图9-10)。体管小,位于壳体中央或微偏,在壳体横断面中心或附近呈小的圆圈。最大的震旦角石可长达100 cm,一般20～50 cm。主要产于湖北西部和湖南西北部中奥陶统不纯的石灰岩中,时代为中奥陶世,距今约4.5亿年前。我国南方还常见鞘角石(见图9-11)。我国北方盛产阿门角石,阿门角石属于珠角石类(见图9-12)。

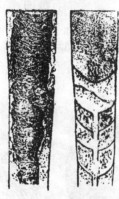

左:外形(局部);
右:纵剖面(通过体管)
图9-10　震旦角石

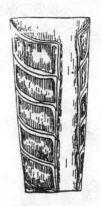

图9-11　鞘角石
(局部纵剖面)

图9-12　珠角石(局部纵剖面)

图9-13　盘角石

2. 盘角石

壳体在一平面内盘卷,壳面有明显的横肋纹(见图9-13)。壳圈横断面近方形,体管小,位于壳圈内侧。见于我国中奥陶统地层。时代同震旦角石,常见于我国南方。

9.5.2　菊石类

　　菊石类的壳体多在一个平面上旋卷,左右两侧对称(见图9-14)。旋卷程度不等,有的外壳圈只是与内壳圈相接触,有的外壳圈部分或全部包围内壳圈。由于壳圈通常都是从内至外逐渐增大,因而在旋壳的两侧面中心形成一个凹陷,称为脐。壳圈旋卷较松时,脐大而宽平;外壳圈部分或全部包围内壳圈时,脐窄小或完全闭合。菊石类的梯板不像鹦鹉螺类的梯板那样平直或微有波曲,菊石类梯板的边缘曲折复杂,梯板边缘与壳体内壁的接触线称为缝合线,所以缝合线也是曲折多变,只有当壳壁(一般很薄)被剥离后,才可见到缝合线。缝合线的繁简程度分四种类型,最简单的限于早、中泥盆世,最繁杂的主要见于中生代侏罗纪和白垩纪,时间跨度为4亿年至6 500万年前,至白垩纪末菊石类全部灭绝。

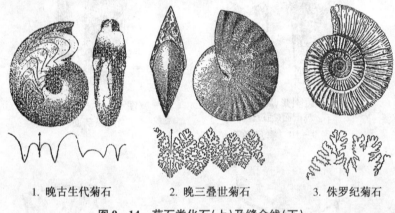

1. 晚古生代菊石　　　　2. 晚三叠世菊石　　　　3. 侏罗纪菊石

图9-14　菊石类化石(上)及缝合线(下)

　　我国湖南,特别是湘潭一带是假海乐菊石的主要产地,产于早二叠世地层中,距今约2.5亿年前,化石常被黄铁矿交代,新鲜未风化的黄铁矿化菊石属于珍品,但不易采得。

9.6

海百合化石

　　海百合是海生棘皮动物中的一类,因形体似百合花而得名。身体分根、茎、冠三部分,冠部又分为萼和腕,均由钙质骨板组成(见图9-15)。萼常呈球形或杯形,由交错排列的几圈钙质骨板组成,其上有小骨板组成的萼盖。腕由许多腕板组成,腕上长有羽肢。茎由许多茎板叠置而成,茎板长短不一,外形有圆形、椭圆形、五角星形等(见图9-16)。

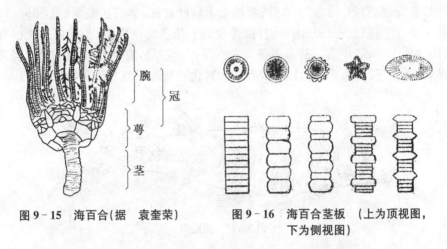

图9-15 海百合(据 袁奎荣)　　图9-16 海百合茎板 (上为顶视图,下为侧视图)

海百合最早出现于奥陶纪,以石炭纪为最盛。保存完整的海百合化石为上品,但少见。我国奥陶纪至侏罗纪海相地层中均发现有海百合化石,如贵州中三叠统薄层石灰岩中,云南西部石炭系泥灰岩、石灰岩中,四川志留系及河北上石炭统石灰岩中均有产出。海百合茎化石产地很多,常在灰岩、泥灰岩中大量富集,形成海百合茎灰岩,尤以湖北西南地区最为闻名,有红、黄、绿、灰各色。产于鹤峰县的被称为百鹤玉,也称百合玉,是一种大理石类的玉石品种。

9.7

鱼 类 化 石

鱼类是一种水生脊椎动物,鱼类起源很早,种类繁多,在数亿年的演化过程中,有一些古老的种类早已灭绝,继之而起的是一些新兴的种类。在泥盆纪以前,鱼类已兴起并走向繁盛,到了泥盆纪,鱼类已相当繁盛,占了优势,应当说泥盆纪是水生脊椎动物的时代,或者说泥盆纪是鱼类的时代。早期的原始鱼类以及晚古生代和三叠纪的低等鱼类,化石相对较少,完整的化石更少,也更珍贵。到了侏罗纪,真骨鱼类即高等硬骨鱼类开始出现,并迅速繁盛起来,成为白垩纪和新生代鱼类的主要代表,所以硬骨鱼化石在我国有不少产地。

狼鳍鱼:有人称其为狼翅鱼。属淡水硬骨鱼类。体型小,身长5～12 cm,头部长度与身体最高处的高度相近,头长约为全身长度的五分之一至七分之一。眼大,背鳍位置靠后,脊椎43～50节,尾鳍的上下两叶对称,具有正型尾(见图9－17)。主要产于辽宁、河北、内蒙、山东、甘肃等地的上侏罗统页岩中,在下白垩统也有产出,距今约1.35亿年前。常为多条鱼成群保存于一处,有的叠压在一起。当条数不多,分布有序,体态自然,且结构清晰完整,化石与底板色差明显者为上品。

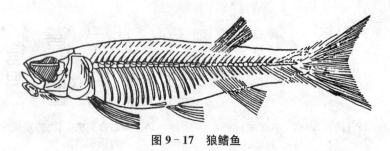

图9－17　狼鳍鱼

9.8

蜥鳍类化石

蜥鳍类是水生两栖爬行动物,四肢短而颈长,在三叠纪较繁盛。属于本类的有贵州龙、蛇颈龙、喜马拉雅龙、巢湖龙等。

图9－18　贵州龙(据　袁奎荣)

贵州龙:海生,四肢原始,未成鳍状,头部呈近似长三角形,眼眶大而圆。头骨长度为颈长的五分之二至三分之一。前肢比后肢粗壮。幼体全长6～12 cm,成年体长15～50 cm(见图9－18)。产自中三叠统上部灰色至灰黑色薄层泥质灰岩、钙质粉砂岩及泥质粉砂岩中,少数也产于粉砂质页岩中。贵州龙化石骨骼呈黑色硬沥青状,骨条凸起呈立体状,仅在贵州个别地方的一定层位才有产出,故化石罕见。

9.9
遗 迹 化 石

遗迹化石包括古生物留下的痕迹和遗物。常见的痕迹化石有各种足迹、移迹、潜穴、虫孔等。常见的遗物化石有各种卵生动物的蛋、粪便、猿人使用的石器等。最具观赏价值的是遗物化石中的蛋化石，其中尤以恐龙蛋最为著名。

恐龙类是一种爬行动物，最早出现于距今 1.8 亿年前的晚三叠世。侏罗纪至早白垩世是恐龙类最繁盛的时期，不但属种多样，身体大小悬殊，而且生活范围很广，水、陆、空都有分布，以陆生为主。也正是从早白垩世开始，恐龙类从鼎盛期逐步走向衰落，至白垩纪末期（距今 6 500 万年前）全部绝迹。可以说恐龙类繁盛于中生代，灭绝于中生代。关于恐龙类灭绝的原因，虽有不同的观点，但多数专家、学者认同灾变说，即小型天体撞击地球是恐龙灭绝的主要原因。

我国的恐龙类化石较丰富，产地很多。自然我国也是产恐龙蛋的大国，无论在蛋化石的品种上，还是在蛋化石的数量上，都令世人瞩目。河南南阳，湖北郧县、安陆，广东南雄、始兴、河源、惠州，江西信丰、赣州，山东莱阳，江苏宜兴，四川，内蒙等，都是重要的恐龙蛋产地。恐龙蛋因具有坚实的外壳，易保存为化石，并且可成窝保存。形状多呈卵圆形，少数呈长卵形或椭圆形（见图9-19），小的只有 3 cm 左右，大的其长径可达 56 cm。

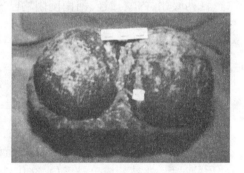

图 9-19 恐龙蛋（据 袁奎荣）

1. 河南南阳的恐龙蛋

产于南阳西峡盆地的恐龙蛋，于 1974 年被发现，化石年代为白垩纪早期，距今约 1 亿年前，是我国发现的年代最早的恐龙蛋。该地的恐龙蛋化石群，具有数量多类型全（已发现有 9 种），且呈原始状态保存的特点。在西峡县的丹水镇和阳城乡及内乡县的赤眉乡等地，有多个恐龙蛋埋藏点，分布面积大于40 km²。化石常成窝分布，排列有序，每窝数枚至 30 多枚不等，偶有 50 枚至 70 枚一窝者。在这个地区已发现恐龙蛋数千枚，估计埋藏的恐龙蛋可达数万枚，其数量之多为世界罕见。尤其是恐龙蛋呈原始状态保存，基本上未遭受后期构造运动的破坏，除少数蛋壳受岩层挤压底面略有凹陷外，大都完好无损，这在世界上也是前所未见的。

2. 湖北郧县的恐龙蛋

郧县的恐龙蛋有 8 种,成窝分布,有的一窝达 50 枚。化石的颜色有灰色、灰白色、褐色等。郧县恐龙蛋的发现纯属偶然。1994 年,河南省西峡、内乡一带有位农民拉着一辆板车,在邻近的湖北省郧县做生意,路上车轮陷进一个坑里,他顺手捡起一块石头去垫车,惊奇地发现这块石头竟是恐龙蛋。因为他的家乡就有恐龙蛋,他掌握一些这方面的知识,于是就买了许多恐龙蛋回去。这件事很快就在郧县传开了,一位科技副县长知道后,赶到那个村子,发现一家村民垒厕所的石头中竟有几十枚恐龙蛋,他惊呆了。郧县不仅有恐龙蛋,还发现了三具恐龙化石,一具大的身长 6 米,两具小的各长 3 米。

3. 山东莱阳的恐龙蛋

可分为两种:一种呈短圆形,长径8.0～9.5 cm,短径6.0～7.4 cm,壳厚 2～3 mm,壳面具小丘状凸起;另一种蛋形长而扁,一端略尖些,长径可达 17 cm,短径约 6.0 cm,壳厚1～2 mm,壳面粗糙,具虫条状刻纹。

我国的恐龙蛋产地很多,也很著名,如广东的南雄盆地是恐龙化石和恐龙蛋化石最丰富的地区之一,内蒙二连盆地素有“恐龙公墓”之称,等等,这里不再一一介绍。完整的恐龙蛋,尤其是含胚胎的恐龙蛋,具有重要的科研价值。我国的广东南雄、江西赣州、内蒙二连、河南南阳均已发现有含胚胎的恐龙蛋。

9.10

硅 化 木

硅化木是一种因遭受到硅化作用而形成的树木化石。埋入地下的树木,遭受硅化的过程,就是其成分被 SiO_2 交代(即成分发生交换)的过程。被交代的树木变成了坚硬的石体,但仍保留原来的外部形态和内部木质纤维结构。

硅化木的化学成分主要是 SiO_2,含有少量有机质及铁、钙、磷等。SiO_2 以玉髓和蛋白石存在。常见颜色有浅黄色、黄褐色、红色、棕色、黑色、灰白色等,也见有绿色、浅蓝色。抛光面具玻璃光泽,半透明至微透明。摩氏硬度 7,密度 2.65～2.91 g/cm³。

作为观赏石的硅化木,主要用于厅堂陈设或装点园林、庭院。在宝石学上,硅化木是一种有机宝石,优质者也用作雕刻材料,但很少用。因为优质硅化木用来观赏,比用作雕刻材料价值更高。

市场上有人将硅化木称为“树化玉”,这个名称欠妥,值得商榷。不能因为硅化木是一种具有残余木质纤维结构的玉石,就称其为树化玉。硅化木中的"硅化",是指树木中的原有成分发生了变化,变成了硅质。这种什么"化"的说法,不仅地质学上有,其他领域也有。例如在医学上,肺结核患者痊愈后,其病灶已"钙化"(由于钙盐沉淀附着而变硬)。再如某人受西方文化的影响,改变了他原先的生活习惯(方式),我们说这个人的生活习惯(方式)"西化"了。我们使用的钢化玻璃,虽然依旧是玻璃,却变得有了钢的一些性质,其强度大大提高。依照上述硅化、钙化、西化、钢化的含义,只能将"树化玉"解释为玉的原有成分改变了,变成了树木;或者解释为玉变得有了树的一些性质和特征,这显然是不通的。如果把优质硅化木称为"玉化树"、"玉化木",或者称为"树变玉",虽说名称不规范,倒也说得过去,意思都是指树木变成了玉石。必须强调的是,无论硅化木的品质多么好,始终改变不了它的"化石"身份。化石的含义众所周知,化玉的含义是什么? 也没有"化玉"这个词。所以,"硅化"不是"树化","化石"不能称"化玉"。

世界上硅化木的产地很多,如欧洲各国、美国、古巴、缅甸等。我国的硅化木主要产于新疆、甘肃、山西、北京、河北、辽宁、江西、云南等地。在新疆木垒哈萨克自治县、奇台县和吉木萨尔县一条宽约 3 千米、长达 100 千米的地域内,分布有形成于约 1.5 亿年前的硅化木。位于奇台县城北 150 公里的将军庙一带,就分布有 1 000 多株大小不等的硅化木,最大直径 2 米,最大长度达 20 米以上,年轮和树皮纹理都很清晰,一些枝叶也成了化石,叶脉可辨。只可惜由于保护不力,遭受到私挖乱采和自然风化的双重破坏,早已看不到 20 世纪六七十年代被发现时的样子了。

9.11

琥　珀

琥珀被称为"树脂化石",是地质历史上的树木分泌物——树脂经硬化作用形成的。由于地质作用,森林里的树木和树脂,一同被埋入地下,树木形成了煤炭,而树脂的化学性质十分稳定,不溶于有机酸,微生物也不能破坏它,因此能很好地保存于煤层中,例如我国抚顺古近纪煤层中就含有许多琥珀。树脂中如果包裹有昆虫,则形成昆虫琥珀,当含有琥珀的煤层遭受风化破碎,并经水流搬运、沉积,琥珀可富集成砂矿,例如滨海砂矿。琥珀也产于粘土岩和砂砾岩中。

琥珀来源于树木,又与煤有着成因上的密切联系。据古生物地史和煤田地质资料,琥珀形成于石炭纪至古近纪,距今约 3.5 亿年至 2 000 万年前。一些人称呼的"千年琥珀"、"万年琥珀",实际上与它们的形成年代相距甚远,最年轻的琥珀也在 2 000 万年以上。

人类对琥珀的认识和利用也是比较早的。在两千多年前,古罗马皇帝就曾派人去波罗的海沿岸收集琥珀;我国出土的战国时期的古墓中也有琥珀,汉代以后,琥珀制品更是多见。当今优质琥珀仍是较为名贵的宝石,特别是藏有昆虫或具有芳香气味的琥珀,更是少见,具有很高的观赏、收藏价值。

琥珀的基本特征如下:

(1) 化学成分:琥珀是由碳、氢、氧组成的一种有机化合物,化学式为 $C_{10}H_{16}O$,可含少量 H_2S。

(2) 形态:非晶质块体,呈各种形态。

(3) 颜色:常见颜色有黄色、浅黄色、褐色、红褐色、红色、橙色等,也见有蓝色、浅绿色和淡紫色。

(4) 光泽:树脂光泽。

(5) 摩氏硬度:2～3。

(6) 密度:约 1.08 g/cm^3。

(7) 光性:均质体,常有异常消光。

(8) 折射率:1.54 左右。

(9) 透明度:透明至半透明。

(10) 特殊性质:摩擦可带电;热针熔化,并有芳香味。

根据琥珀的基本特征,可将琥珀与塑料、玻璃仿制品区别开来。对于硬树脂、松香、染色琥珀和再造琥珀,可凭以下特征鉴别:

硬树脂是一种近代树脂,其中的挥发成分较琥珀高,其他特征与琥珀相似。鉴别方法是在样品表面滴一滴乙醚,并用手揉搓,软化发粘的是硬树脂,无反应的为琥珀。也可在样品表面滴一滴酒精,琥珀与酒精无反应,而硬树脂遇酒精可溶,其表面发粘,或变得混浊使透明度降低。用此法鉴别新西兰柯巴树脂和琥珀尤为简便有效。对于成品,用乙醚或酒精鉴别,应在不显眼的地方进行。

松香是现代树脂,硬度小,用手可捏成粉。

染色琥珀的鉴别特征是,在裂隙处颜色较深。

再造琥珀(也称压制琥珀),是将一些块度太小的琥珀,在适当的温度和压力下,熔结成的大块度琥珀。其鉴别特征是:内部可见流动构造、扁平气泡、小颗粒琥珀表面氧化层所显示出来的粒状结构,或糖溶于水时的旋涡状结构。

9.12
珊　瑚

　　根据珊瑚的化学成分,将珊瑚划分为钙质珊瑚和角质珊瑚两大类。钙质珊瑚是由生活在现代海洋中的珊瑚虫分泌的石灰质骨骼(躯壳)聚集而成的,不属于化石。珊瑚虫是一种圆筒形腔肠动物,在幼虫阶段可以自由活动,到了管状成虫早期,便固定在其先辈的遗骨上,靠触手捕捉微生物,在新陈代谢过程中分泌出石灰质,以建造自己的躯壳,并通过分裂增生方式迅速繁殖,长此以往,珊瑚越长越大。珊瑚的形状千姿百态,但以树枝状为多。那些色彩艳丽、质地致密的珊瑚可作为宝石;而形态美观的珊瑚,不经加工就是一件天然艺术品,可作为观赏石直接用来观赏。

　　珊瑚作为观赏石古已有之,据《三辅黄图》所载,汉朝"积翠池中有珊瑚,高一丈三尺,一本三柯,上有四百六十三条,云是南越王赵佗所献,号烽火树"。《晋书》中载有皇亲王恺与石崇斗宝的故事,"王恺珊瑚树高二尺许,枝柯扶疏,世所罕比,以示石崇,崇便以铁如意击碎,恺既惋惜又以为嫉己之宝,声色方厉,崇曰,不足多恨,今还卿,乃命左右悉取珊瑚,有高三四尺者六七株,条干绝俗,光彩耀目"。今天仍有相当一部分珊瑚被直接用来观赏,因此将珊瑚列入观赏石顺理成章。

　　珊瑚的基本特征和性质如下:

　　(1)化学成分和矿物成分:珊瑚的化学成分主要是碳酸钙,其次是有机质和水,还常含有氧化铁及硅、锰、锶等。碳酸钙结晶成隐晶状的文石和方解石。在新生成的珊瑚中结晶成斜方晶系的文石,但文石不稳定,随着时间的推移,在常温下即可转变成三方晶系的方解石。

　　(2)内部构造和表面特征:凭肉眼或借助放大镜观察,在珊瑚的横断面上,可见到同心圆状圈层和放射状细纹;在珊瑚的表面可见到一系列平行的纵纹。这种特征是珊瑚生长过程中形成的,尤其是在红珊瑚中更为明显。

　　(3)颜色:以白色和红色为常见,蓝色稀少。颜色好坏依次为鲜红色、红色、暗红色、玫瑰红色、粉红色、纯白色、瓷白色、灰白色。如果是由白色染成的红色或其他颜色,用棉签蘸丙酮擦拭,可使棉签染色。

　　(4)光泽:蜡状光泽,抛光面呈玻璃光泽。

　　(5)摩氏硬度:3～4。

　　(6)密度:2.6～2.7 g/cm^3,通常 2.65 g/cm^3。

(7) 透明度：半透明至微透明。

世界上许多地区都有珊瑚产出，如地中海、红海、大西洋沿岸、夏威夷群岛、日本、菲律宾、澳大利亚等。我国的珊瑚主要产于台湾、福建、海南、西沙群岛等地，尤其是台湾，是著名的红珊瑚产地。为了保护环境，维持生态平衡，我国对珊瑚采取了保护措施，不得随意采集。

9.13
砗 磲

砗磲是生活在海洋中的现代双壳贝类生物，据有关资料，我国海南、台湾及南海诸岛礁水域，分布有六个品种，其中库氏砗磲（又名大砗磲），是贝类生物中体形最大（可达 1～2 米）、壳体最厚的一种，被誉为"贝中之王"。双壳均呈凹凸起伏状，相互咬合，形成数道呈放射状分布的隆起和沟渠，沟渠形似古代车辙，故取名车渠。因其坚硬如石，是佛教七宝之一，后改称为砗磲。在砗磲壳体的外表面，垂直隆起方向，有一层层微凸的横向薄板呈叠瓦状排列，隆起部位的薄板凸起明显，沟渠部位薄板凸起不明显。

砗磲在宝石学上属于有机宝石贝壳类，为四大有机宝石之一（另三种是珍珠、珊瑚、琥珀）。作为观赏石，指的是没有经过精雕细刻，呈自然状态的壳体。

砗磲的主要成分是碳酸钙 $Ca[CO_3]$，有少量有机质和水。碳酸钙结晶成文石和方解石。颜色为白色，白皙如玉，局部呈淡金黄色、棕黄色。摩氏硬度 3～4。密度 2.70 g/cm³。依据其形态及特征，即可鉴别。

F1　砚　石

　　笔、墨、纸、砚被誉为文房四宝。砚台既是研墨的工具,同时又是工艺美术品,而且可以说,现在的砚台主要是作为工艺美术品。例如河北省易县易水古砚厂,用当地产的易水砚石制作的"长城百龙巨砚",呈方形,边长3米,质量达5吨多,砚上精雕细刻的108条龙栩栩如生,气势磅礴的古长城在群龙中时隐时现,该砚堪称旷世杰作,当今珍宝。用来制作砚台的石质材料,称为砚石;用石质材料制成的砚台,称为石砚。

　　我国制作石砚的历史相当悠久,早在五六千年前的新石器时代,就出现了石砚的雏形——石制研磨器。秦代的石砚,同西汉时期的石砚,在外形上大致相同,说明在秦代石砚已基本定型。隋唐时期,特别是唐代,制砚得到了迅速发展,一是选材要求严格,使用了歙砚石、端砚石、红丝砚石等优质材料;二是出现了浮雕艺术。明清时期,制砚讲究自然美,更重精雕细刻,可以说明清以来的石砚,无论是造型艺术,还是砚石品质,都达到了较完美的地步。

　　我国的砚台品种很多,有以澄泥为原料制作的澄泥砚,有以汉砖为原料制作的汉砖砚,更多的则是以板岩、千枚岩,或石灰岩为原料制成的石砚。

　　板岩是区域变质岩中变质程度最低的一种变质岩;千枚岩是区域变质岩中变质程度略高于板岩的一种变质岩,它们的原岩都是沉积岩中的含粉砂泥质岩,由于经历了轻微变质,质地变得细腻而有韧性。石灰岩是一种化学沉积岩,可含有古生物化石。

　　优质砚石除了色泽和纹饰美观外,硬度和所含的矿物粒度要适中,质地应细腻光滑,具有"滑不拒墨，涩不滞笔"，"贮墨三日不涸"的特性。优质的砚石，加上精细的工艺，才能成为石砚中的精品。

F1.1

端　砚　石

端砚石产于广东肇庆的端溪河畔，用该砚石制作的砚台，称为端砚。关于端砚（或端砚石），有人认为是因肇庆古称端州，故名端砚（端砚石）；也有人认为是因其产于端溪河畔而得名。端砚位居我国四大名砚之首（其余三砚是歙砚、洮河砚、红丝砚），始于唐武德年间，已有一千三百多年历史。大约从唐太宗李世民赏赐魏徵起，端砚就成为赏赐功臣良将和馈赠亲友的珍品。精美的端砚赢得了历史上众多文人墨客的广泛赞誉。

端砚石是一种绢云母泥质板岩，但也有人认为是绢云母千枚岩，这可能是变质程度不均匀，局部略高所致。砚石具变余泥质结构、隐晶质结构，矿物粒度细小且分布均匀。主要品种有以下几种：

（1）鱼脑冻。像冻起来的鱼脑一样细腻，最佳者白如晴云，吹之欲散；松如团絮，触之欲起；外观如小儿肌肤般幼嫩，是最名贵的品种之一。

（2）蕉叶白。如蕉叶初展，白中微带黄绿，一片娇嫩，含露欲滴；如凝脂，似柔肌，也是最名贵的品种之一。

（3）猪肝冻。像受冻的猪肝，呈圆形、椭圆形，是一种含赤铁矿的泥质粉砂质结核体。

（4）火捺。具有像火烧烙过一样、呈紫红色或黑红色纹饰的品种。

（5）石眼。砚石上分布有像动物眼睛一样的圆形、椭圆形小结核体的品种。如果小结核体具有像瞳孔一样的核心，称为"活眼"，眼以活为贵。

（6）金银线。砚石上有黄色、白色细纹的品种，黄纹称金线，白纹称银线。

F1.2

歙砚石和龙尾砚石

歙砚石因产于安徽南部的古歙州而得名，为四大名砚石之一。唐朝时的歙州辖区包括今江西省婺源县。而婺源县境内的龙尾山,是歙砚石的著名产地,所以古人所称的歙砚石和龙尾砚石,两者是同一种砚石。由于行政归属上的变更,婺源县不再属安徽省管辖,加上该砚石产地的增多,故龙尾砚石便从歙砚石中独立出来,江西婺源产的称龙尾砚石,安徽歙县、祁门县产的仍称歙砚石。

用歙砚石制作的砚台称歙砚,相传歙砚的历史早于端砚,但据文字记载歙砚大约晚于端砚一百年。五代十国时期的南唐后主李煜有一方形砚台,长一尺许,砚上刻有三十六座层次分明、雄伟秀丽的大小山峰,中为砚池,有"龙尾砚为天下冠"之称。此砚后来被米芾所收藏,苏仲恭曾以一宅园与米芾交换。书画家蔡襄把歙砚比作价值连城的和氏璧:"玉质纯苍理致精,锋芒都尽墨无声。相如闻道还持去,肯要秦人十五城。"在宋代龙尾砚被列为贡品。

歙砚石主要为灰黑色板岩和灰色粉砂质千枚岩,也有斑点状角岩(角岩是一种热接触变质岩,不具定向构造,矿物呈细粒、微粒状)。按天然纹饰的颜色、形态、分布特征等,大致可分为以下几个品种:

(1)金星。因砚石上分布有黄色星点状金属硫化物矿物而得名。

(2)银星。因砚石上分布有白色星点状金属硫化物矿物而得名。

(3)金晕。砚石中的金属硫化物矿物,如黄铁矿、黄铜矿,由于受到氧化作用,形成同心环状晕彩,故称金晕。

(4)眉纹。砚石上具有像美人眉毛一样的纹饰,其颜色偏黑,或呈青色、绿色。纹饰由铁质、锰质、碳质和绿泥石等聚集而成。

(5)罗纹。砚石上具有像罗绢一样的纹饰。这种纹饰实际上是变余微层理。

(6)水浪纹(又称角浪纹)。砚石上具有像水面波浪一样的纹饰。这种纹饰主要是变余波状层理,其次是新生矿物聚集形成的纹饰。

(7)鱼子纹。因砚石上具有像鱼卵一样的圆点而得名。圆点由隐晶质矿物聚集而成,颜色多变,有的中心为黑色,周围为深绿色;有的为鳝肚黄色,混有青绿色或灰黑色等等。

F1.3

洮 河 砚 石

洮河砚石因产于甘肃省南部洮河一带而得名,是我国四大名砚石之一。用该砚石制作的砚台称洮河砚,柳公权关于洮河砚的记述,说明洮河砚的历史至少始于唐代。宋代的《洞天清禄集》称"除端歙二石外,惟洮河绿石,北方最为贵重。绿如蓝,润如玉,发墨不减端溪下岩。然石在临洮大河深水之底,非人力所致,得之为无价之宝"。

洮河砚石为含粉砂泥质板岩,也有人认为是水云母泥质板岩,或绿泥石泥质板岩。这种名称上的不一致,可能仅仅是一个定名问题,也可能是产于不同地段的砚石,在矿物成分上表现出来的差异,但都属于板岩。

历史上洮河砚曾濒于艺绝,新中国成立后,洮河砚获得新生。通过地质调查,扩大了砚石的产地,一些著名品种如"鸭头绿"、"鹦哥绿",以及《宋史》中提到的"赤紫石色斑"等,均已恢复开采和生产。

F1.4
红 丝 砚 石

红丝砚石是四大名砚石之一,产于山东省青州(曾名益都)。在唐、宋时红丝砚石即负盛名,如宋代唐彦猷在《砚录》中称"红丝石华缛密致,皆极其妍。既加镌凿,其声清悦。其质之华泽,殊非耳目之所闻见。以墨试之,其异于他石者有三:渍水有液出,手拭如膏一也;常有膏润浮泛,墨色相凝如漆二也;匣中如雨露三也。自得此石,端歙诸砚皆置于衍中不复视矣。"由此可见红丝砚石与端砚石、歙砚石不相上下。

红丝砚石是一种具有丝状纹饰的紫红色微晶石灰岩。丝状纹呈灰黄色,回旋变幻而次第不乱,十分美观。红丝砚石主要产于青州黑山红丝洞,在临朐县老崖崮也有产出。

用红丝砚石制作的砚台称红丝砚。有资料称,澄泥砚替代红丝砚,成为四大名砚之一。据史料记载,澄泥砚是以淤泥为原料,用绢袋淘澄后成型,再经焙烧而成的一种砚台,其实用价值不亚于端砚、歙砚,但它并非石质,不属于石砚范畴。

我国的砚石很多,除上述四大名砚石外,还有数十种之多,这里不再介绍。

F2　生辰石与婚庆纪念石

F2.1
生　辰　石

　　人们将宝石同出生月份联系起来，作为生辰石，大约始于 16 世纪，现在流行于许多国家，如英国、美国、加拿大、澳大利亚、日本、意大利、前苏联、阿拉伯国家等。虽然不同地区和不同民族，对宝石的爱好、兴趣不完全相同，但生辰石及其美好象征是基本一致的(见表 F2-1)。

表 F2-1　生辰石及其象征意义

月　份	宝　　石	象　征　意　义
1 月	石榴石(深红色)	忠实、友爱
2 月	紫晶	诚实、诚挚和心地善良
3 月	海蓝宝石、玉髓(血红色)	沉着、勇敢、聪明
4 月	钻石	天真和纯洁无瑕
5 月	祖母绿、翡翠(绿色)	幸福、幸运和长久
6 月	珍珠、月光石	健康、长寿和富有
7 月	红宝石	热情、仁爱和品德高尚
8 月	橄榄石、缠丝玛瑙	夫妻幸福、美满与和谐
9 月	蓝宝石(蓝色)	慈爱、诚谨和德高望重
10 月	欧泊、碧玺(粉红色)	美好希望和幸福的到来
11 月	托帕石、黄水晶	真挚的爱
12 月	锆石、绿松石(天蓝色)	成功和必胜的保证

F2.2
婚庆纪念石

结婚是人生中的一件大喜事,为了这幸福美好的回忆,人们把结婚周年纪念,同珍贵的宝石和金银联系在一起。

结婚 15 周年称为水晶婚;

结婚 25 周年称为银婚;

结婚 30 周年称为珍珠婚;

结婚 35 周年称为珊瑚婚;

结婚 40 周年称为红宝石婚;

结婚 45 周年称为蓝宝石婚;

结婚 50 周年称为金婚;

结婚 55 周年称为祖母绿(曾名绿宝石)婚;

结婚 60 周年(有说 75 周年)称为钻石婚。

F3 贵金属首饰及其印记

通常,人们都是用贵金属来制作首饰。贵金属包括金、银和铂族金属(铂 Pt、钯 Pd、铑 Rh、铱 Ir、钌 Ru、锇 Os,被称为白金家族)。

自 2016 年 5 月 4 日起实施的 GB 11887-2012《首饰贵金属纯度的规定及命名方法》第 1 号修改单,取消了千足金、千足银、千足铂和千足钯四种名称。金含量千分数不小于 990(≥990‰)的称为足金;银含量千分数不小于 990(≥990‰)的称为足银;铂含量千分数不小于 990(≥990‰)的称为足铂;钯含量千分数不小于 990(≥990‰)的称为足钯。

足金、足银、足铂和足钯,是国家标准规定的首饰产品的最高纯度。纯度是一种名称,是贵金属质量分数在某一范围内,以千分数表示的最小值。含量是贵金属质量分数的具体数值。

贵金属首饰的印记,是指打印在首饰上的标识,内容包括厂家名称(或代号)、材料种类、纯度(或含量)及镶钻首饰主钻石(0.10 ct 以上)的质量等。

贵金属的质量单位为克,与盎司的换算关系如下:

$$1 金衡盎司 = 31.103\ 5\ 克 = 31.10\ 克$$

金衡也适用于药衡。在一般的衡量制中,常衡盎司小于金衡盎司。

$$1 常衡盎司 = 28.349\ 5\ 克 = 28.35\ 克$$

F3.1

金

金又称黄金,元素符号为 Au,呈金黄色,摩氏硬度 2.5,在 20℃室温条件下密度为 19.32 g/cm³。熔点 1 064.43℃,沸点 2 807℃。金的化学性质十分稳定,不溶于一般的酸和碱,但可溶于王水,也可溶于碱金属(如钾、钠)氰化物溶液中;从室温到高温,一般均不氧化。俗话说"真金不怕火炼",并不是说它在高温下不熔化,而是说即使熔化成液态,它的本色和分量也不变。

(1)足金。通常说的 24K 金,是一种理论值为 1 000‰,不含任何杂质的纯金。实际上无法提纯到这种纯度,多少总是含有一点杂质。首饰贵金属纯度命名方法规定:金含量千分数不小于 990 的称为足金,打"足金"印记,或按实际含金量打印记(如金 990、Au990、G990)。

(2)K 金。因足金硬度低,易变形,用来镶嵌宝石不牢固,所以常在足金中添加一些银、铜等元素,以提高强度。这种金与其他金属的合金称为 K 金。首饰贵金属纯度命名方法规定,K 金打 K 金数印记或按实际含金量打印记(如金 18K、Au18K、金 750、Au750)。不同 K 数的金饰品,其含金量见表 F3 - 1。

表　F3 - 1　K 金的含金量表

K 金	含金量千分数最小值	K 金	含金量千分数最小值
22K	916	12K	500
21K	875	10K	416
20K	833	9K	375
18K	750	8K	333
14K	583		

(3)白色 K 金。白色 K 金并非白金,不含铂,是一种金和银、铜、镍、锌的合金,呈白色。做成首饰后常镀铑(Rh),外观很像铂金。我国流行的多为 18K 白色金,一般用来制作项链或镶嵌宝石。K 数相同的 K 金和白色 K 金,含金量相等。白色 K 金的印记与 K 金相同。

(4)彩色 K 金。利用电镀或合金的方法使金饰品产生不同的颜色,这种 K 金称为彩色 K 金。彩色 K 金含金量标准与 K 金相同,印记也同 K 金。市场上常见的有 18K 彩色金项链。

(5)镀金、包金和仿金。镀金饰品和包金饰品,多少还有一点金,而仿金饰品是不含金的:

镀金是在金属(如银、铜、镍等)或合金(如铜—锌合金、铜—钛合金等)的表面,镀上一层薄薄的金膜。镀层厚度通常为几个微米(1 μm= 0. 001 mm)。市面上出售的所谓意大利包金、日本包金等,实际上都是镀金制品。镀金饰品的印记为 GP(即 Gold Plated 的缩写),或 P_3Au(表示镀金覆盖厚度为 3 μm)。

包金也称填金,是将足金或 K 金金箔贴附在其他金属饰品的表面,使两者紧密地结合在一起而成。也就是说,内部是铜、银、镍或铜—锌合金等材料,外表是足金或 K 金。包金的厚度较镀金大,一般在 $10\sim50~\mu m$,其制品的印记为 GF(即 Gold Filled 的缩写)。有时也使用 18KF、14KF 这样的印记,表明包在外面的金箔为 18K 金、14K 金,这种印记在美国常用。

仿金,也称亚金,其实它不含金,是铜、镍、锌等金属的合金,外观呈金黄色,打有“亚金”字样的印记。

F3.2
银

银又称白银,元素符号为 Ag,呈银白色,摩氏硬度 $2.5\sim3$,在 20℃室温条件下密度为 10.49 g/cm³。熔点 960.8℃,沸点 2 212℃。易溶于硝酸或热的浓硫酸,白色的银在空气中易氧化,表面常变为黑色,可采用镀铑或镀金的办法,来防止氧化。纯度较高的银用于制造银币和装饰品。首饰贵金属纯度命名方法规定:

含银量千分数不小于 990 的称为足银,打“足银”印记或按实际含银量打印记(如银 990,Ag990,S990)。

含银量千分数不小于 925 的称为 925 银,打银 925 印记(或 Ag925、S925)。

F3.3
铂

铂又称铂金,俗称白金,元素符号为 Pt,呈银白色,是一种比黄金还要贵重的贵金属。摩氏硬度 $4\sim4.5$,在 20℃室温条件下密度为21.43 g/cm³,熔点 1 773℃。铂的化学性质十分稳定,不溶于一般的酸碱,但可溶于王水。白金镶钻是最佳搭配,成为纯洁高雅的象征。做首饰用的铂金,常添加钯。首饰贵金属纯度命名方法规定:

含铂量千分数不小于 990 的,称为足铂,打“足铂”印记,或按实际含铂量打印记(如铂 990、Pt990)。

含铂量千分数不小于 950、900、850 的,按实际含铂量打印记,分别打 Pt950(或铂 950)、Pt900(或铂 900)、Pt850(或铂 850)印记。

F3.4

钯

　　钯又称钯金，是铂族金属之一。早先钯作为铂金的添加元素用于首饰，2000年前后，钯金首饰在国内市场上崭露头角，而今已成为常见首饰品种。钯的元素符号为 Pd，呈银白色，外观特征与铂金相似。摩氏硬度 4~4.5，在 20℃室温条件下密度为 12.03 g/cm³，熔点 1 550℃。化学性质较稳定，耐腐蚀性能良好，尤以抗硫化氢腐蚀能力强，常温下在空气中不易氧化。可溶于王水、浓硝酸及热硫酸。首饰贵金属纯度命名方法规定：

　　含钯量千分数不小于 990 的，称为足钯（或称足钯金），打"足钯"印记或按实际含钯量打印记（如钯 990、Pd990）。

　　含钯量千分数不小于 950、500 的，按实际含钯量打印记，分别打 Pd950（或钯950）、Pd500（或钯 500）。

主要参考
文献

［1］袁奎荣,等.中国观赏石.北京：北京工业大学出版社,1994

［2］孟祥振,赵梅芳.观赏石及其分类.上海大学学报(自然科学版),2002(4)：127～129

［3］王贵生.名胜古石.上海：学林出版社,2003

［4］孟祥振,赵梅芳.宝石学与宝石鉴定(第二版).上海：上海大学出版社,2012

［5］南京大学地质学系岩矿教研室.结晶学与矿物学.北京：地质出版社,1978

［6］张蓓莉.系统宝石学(第二版).北京：地质出版社,2006

［7］赵松龄,等.宝玉石鉴赏指南.北京：东方出版社,1992

［8］孟祥振,赵梅芳."硅化"不是"树化","化石"不能称"化玉"(对"树化玉"名词的商榷).上海地质,2008(1)：69～70

［9］徐州市石文化研究会.中国灵璧石谱.北京：中国财政经济出版社,2003

［10］夏邦栋.普通地质学.北京：地质出版社,1995

［11］王实.中国观赏石大全.北京：中国广播电视出版社,2006